GOOD CHARTS
WORKBOOK

Tips, Tools, and Exercises for Making Better
Data Visualizations

GOOD CHARTS
WORKBOOK

Tips, Tools, and Exercises for Making Better
Data Visualizations

哈佛教你做出好圖表
實作聖經

《哈佛商業評論》首度公開
資料視覺化製作技術, 精準掌握

24 圖表模組 ╳ **6** 關鍵 說服力 ╳ **3** 大 優化祕訣

史考特・貝里納托 Scott Berinato 著　林麗雪 譯

suncolor
三采文化

目 錄 contents

PART
TWO　**製作優質圖表**

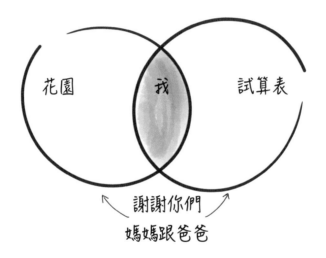

花園　　　我　　　試算表

謝謝你們
媽媽跟爸爸

資料視覺化，
第一步該從哪開始？

你好。

你可能是在讀了我的上一本書《哈佛教你做出好圖表》（*Good Charts: The HBR Guide to Making Smarter, More Persuasive Data Visualizations*）後，才拿起這本書的，那本書提出了框架，讓你明白好圖表該具備哪些要素，並制訂流程，讓你自己製作這些圖表。你也可能只是因為對資料視覺化（dataviz）有興趣，才在書店裡買了這本書。無論如何，你已經拿起了這本書。而你或許和其他決定要研究資料視覺化的人一樣，會立刻提出這個問題：**我該如何開始？**

當我主導資料視覺化相關的研討會，或者在這類場合演說時，聽眾很容易受到我所展示的資料圖表啟發，他們能理解良好圖表的核心論點，因為它能有效地透過上下文脈絡來傳達想法。但這種啟發可能無法持久。許多人對於要自己動手的想法感到不知所措。於是他們問我，**該如何著手？**

就從這裡開始。

多年來我一直想學吉他。但我從沒拿起過吉他，因為我也不知

道該從哪裡著手，或者如何開始。最後，我受到我女兒的啟發，她可以很快就學好一首曲子，這讓我決定開始彈吉他。我看著書學會了音符，然後從音符進化成和弦，最後還學會了指法。我很快就會演奏一些簡單的歌曲。我後來持續練習，增加我的技能和曲目，儘管我永遠不會成為大師，但我還是找到方法克服了這個挑戰。事實上，花的時間並沒有我想像的那麼久，而學習吉他也不像我擔心的那麼困難。我只是需要開始而已。

本書提供了想法和範例訓練，幫助你練習資料圖表化。它們就是資料圖表化的音符、和弦與指法，也是基礎概念與方法，能夠快速地讓你演奏簡單的歌曲。本書將幫助你理解，**為什麼某些圖表製作方法有效或無效，並促使你自行思考如何克服挑戰**。它將讓你測試自己的想法，並在每個挑戰例子中提供討論區，幫助你打造你的思維模式，並建立你的資料視覺化知識。它設定了一個基礎，讓打造優質圖表的過程對你而言，就像我現在要從 G 和弦更換到 D 和弦一樣輕鬆自如。

做好圖表的要領

製作優質圖表的大部分工作，都**不是**在打開電腦那刻完成。在數位化前，我所製作的圖表差不多都已經完成九成了。要充分利用這本書，你需要的是：

1. **白紙**。你會在這本書裡找到空白處供你使用。但如果你像我畫圖表時一樣快速、凌亂，而且喜歡使用大面積，那麼準備更多紙張會很有幫助。我這些額外的紙張，還能讓你與其他人重複分享挑戰，或在一段時間後重新審視這些挑戰。

2. **彩色鉛筆**。我建議在畫圖表時，手邊只要準備幾種顏色的鉛筆就好，例如一支黑色、一支灰色，以及其他兩個顏色，我自己經常使用橘色跟藍色，但顏色選擇並沒有限制。**選擇對比色有幫助**，你既可以用同色系的不同色階來顯示互補變數，也可以展現不該看來像是屬於同一組色彩的對比變數。我發現當一張圖表有太多顏色時，就會容易把注意力放在細部配色，而非形成想法的過程。但當我完成初稿，並且試著製作一張有效、實用又清爽的圖表時，我才會開始上色。在這本書中，你將會繪製圖表以及完成初稿，所以準備一組十支的彩色鉛筆，應該就夠用了。

3. **精力**。當你疲累或者情緒不佳時，處理本書的挑戰範例將會成為一種打擊。有時當我暫時放下工作，等到心情好轉時再回頭處理，反而能想到最好的解答。原本想不到的解決方法會突然出現。玩填字遊戲的人一定了解這種情境。讓你苦思不得其解的一個字謎，在你暫時放下它之後，答案卻突然變得很明顯。資料圖表化的過程也是這樣。

你會從這本書學到什麼？

本書由兩個核心區塊組成：

第一部分：增進技巧

每個章節包括：

- 一個資料圖表化技巧的簡介，包括六項指導原則。
- 熱身練習，包括加強這些指導原則的幾個小型挑戰例子。
- 三個核心例子訓練，每個例子都包含更大型的挑戰例子，練習該章節提及的若干或全部指導原則。

第一部分中的例子，是依據圖表高手需要培養的技術而提出的。在許多例子中，將會提供前因後果。這些練習主要是讓你一次專注於磨練一項技術。你可以翻選任一章隨時挑戰。不過，在著手進行挑戰之前，閱讀該章節的導言，並思考指導原則，將會有所助益。從這些內容中找出主要的觀念，掌握正確的心態。

儘管你不必依序挑戰每個例子，但本書仍從更基礎的技術（例如用色與清晰度），到比較複雜的技術（例如說服力與概念圖表）。在每章的熱身練習和挑戰例子之後，都有一個討論區，裡頭包含我自己解決這些例子的過程。我刻意避免稱之為**答案**。你製作的圖表可能與我的完全不同，但卻同樣甚至更有效。在某些例子中，我提出的最終方案並不夠讓人滿意，或者會說明為了達到結果

只好做出的取捨。沒關係，世事經常如此。能夠不經取捨，就創造出一張優質圖表，是很罕見的。這些討論區並不是要告訴你答案，而是揭示我的想法，從而協助引導出你的想法。

第二部分：製作優質圖表

在這一部分提供了兩個大規模的挑戰例子，需要使用前面章節中討論的許多技巧。這兩個例子運用了《哈佛教你做出好圖表》書中的談話、繪製草圖與製作原型框架，並且比本書先前的挑戰更龐大，也更沒有固定結論。我建議你先別碰它們，等你試過一些累積技巧的挑戰例子後再去嘗試。

和第一部分一樣，在這些大型挑戰例子之後，也有討論區，內容包括我試著解決這些問題的方法。

除此之外，你還會找到研讀方向的附錄。本書使用多種圖表類型，並顯示了你用來描述資料的視覺單詞和片語，例如「展開」、「部分」與「分布」等，這些都可能替你的特定情境，建議該使用哪種圖表類型。為此，本書也附上一些參考資料，這些資料展示了圖表類型、它們的使用例子，以及與它們相關的一些關鍵字。這些資料也在《哈佛教你做出好圖表》書中出現。它們是非常出色的工具，在你談話和繪製草圖的過程中非常好用。詳細閱讀本書後面的附錄，研究圖表類型和使用例子，並做好筆記。

如何使用這本書？

請不要在研讀挑戰例子時抄近路，不要在讀了挑戰例子後，立即翻到討論區去查看我的處理方式。這本書的主要功能，是為了幫助你自行思考資料視覺化問題。不要偷看了別人的方式，而影響了你的方法。好吧，如果真有幫助，那就把討論區撕掉，放到其他地方。

第一部分的例子都聚焦於累積技巧，但如果你願意，可以將這些例子擴展。如果你正在做一個清晰度的例子練習，但發現有機會可以建構一些用色技巧，就動手吧。想要替一個挑戰例子創造一個新的情境，然後繪製一張圖表來反映這個情境嗎？動手吧。因為這些技巧不可能完全獨立。有時候，關於用色的想法，會在考慮清晰度的挑戰例子時出現。而關於說服力的挑戰例子，可能需要明智地選擇圖表類型來呈現。盡你所能地運用所學吧。

不要期望你在討論區中製作出最終產品。在多數情況下，草圖和書面原型圖表，或是近似最終圖表而極為清晰的草圖，都視你想把手上的工作完成到什麼程度而定。但正如我說過的，製作一張優質圖表的大部分工作，都是在進入電腦前就已經完成了。

製作圖表的工具建議

我最常聽到的問題就是「我該用哪些工具？」

這個答案複雜得難以讓人滿意，沒有任何一個工具能專門資料

圖表化，市面上已經有幾十種工具，而且還有更多工具不斷在網路上出現，但沒有哪一個是全面全能的。我有約六到八個經常使用的工具，每當新的工具在網路推出時，我都會重新評估。我已經看到一些開發中的工具，看起來非常有前景，但距離完成還很遙遠。

　　一旦你知道要製作哪種圖表後，就上網去搜尋相關工具，並且試用看看，找出你習慣和喜歡的工具。記住，沒什麼比鉛筆和紙更好用的。只要透過交談和繪製草圖，你就幾乎能完成一張優質的圖表。

　　我也鼓吹大家常備另一個工具，那就是朋友。如果你認識優秀的資料整理者和設計人員，那就善用一下他們吧。我有一群可靠的朋友和同事，可以幫助我處理高深的資料和設計方面的挑戰。資料圖表化很複雜，應該由團隊來處理。有越來越多的機構開始設立團隊，以應付重要的視覺化挑戰。把素材專家、資料分析師和設計師放在一起，你的資料圖表化能力就會有顯著的提升。

　　還有一個你可能會發現很有幫助的東西，那就是我在本書中說明的製造以及再製造圖表的流程。儘管我大半時間是獨立作業，但我還是會需要一些人的幫助，你可以想得到我在這個流程的哪個環節，邀請他們加入。

1. 我在 iPad Pro 上使用一個名為「草圖」（Sketches）的應用程式來做筆記、描繪草圖和製作原型。這就是我的「紙和鉛筆。」

2. 專案的資料主要儲存在 Excel 或逗點分隔值（comma-separated values, CSV）檔案中，我在檔案裡創建了一些標

準的 Excel 圖表，只是為了取得資料的初步視覺。

3. 我將這些資料匯出到一個叫做 Plot.ly 的線上工具中，以便重建初步的 Excel 圖表，並在那裡操作。我還從 Plot.ly 匯出一些圖像，可以導回到「草圖」中進行標記和討論。

4. 我還使用同一個 Plot.ly 工作空間，來製造「草圖」作業中產生的所有數位原型。這些原型大致上不會在這裡展示，因為它們大多非常相似，而且即使占據了很多空間也無法顯示出足夠的進展。在我完善一張圖表的過程中，製作十到十二個非常相似的原型，並不是罕見之事。

5. 當我覺得數位原型接近完成時，我從 Plot.ly 匯出可縮放向量圖形（Scalable Vector Graphics, SVG）檔案，並將檔案導入 Adobe Illustrator 圖形設計軟體，在軟體中有為我的排版、著色與其他設計標準設定的範本。我就在這個軟體中打磨我的設計。

分享圖表，會進步神速

　　最後一點，我希望看見你在這些挑戰例子中，使用談話、繪製草圖、製作原型方法創造出了什麼。為此，我設立了一個電子郵件信箱，地址是 GoodChartsBook@gmail.com，你可以將你的圖表寄到這裡來，不論是使用本書的技巧前後的圖表，或者將兩者都寄來也可以。看見別人的工作結果，有可能激發靈感，而分享則是資料圖表化社群的核心倫理。即便如此，分享有時候也會引來不請自來

的批評。資料圖表化社群有時會苛刻的讓人感到沉重。但這不是我的目的。沒有你的允許，我將不會公開批評你寄給我的任何東西，絕對不會。

好了，你已經準備好了。盡情使用這本書吧。在上面到處塗寫筆記。標出重點。標示你想標示的地方。盡情影印內容。充分書寫筆記。用你的想法、你喜歡的方法、你認為有效的選色方案，以及你特別喜歡的圖表種類來填滿這本書。也可以批評我在討論區所寫的內容。簡言之，有策略的使用這本手冊，但要真正去使用它。你可以不斷回頭尋找靈感，或者查閱內容。我希望在你使用完畢後，這本手冊就專屬於你。

關於本書的圖表與資料

本書中的一些圖表很明顯是真實案例。其他的則是根據真實的圖表，但在主題、數值、顏色、標籤，或者其他要素方面，做了相當大的更動。我這樣處理的原因有好幾個，有時是為了保護有版權的資料，其他時候則是為了讓挑戰例子變得更困難，或是改變例子的情境。

本書採用了幾張《哈佛商業評論》（*Harvard Business Review*）和哈佛商業評論網站（HBR.org）的圖表，而且均已獲得哈佛商業出版社（Harvard Business Publishing）授權使用。在某些例子中，它們被逆向設計成比最終付印版本較差的版本。這僅是為了教學所需。最終印行的版本是優秀的圖表，這些被修改的圖表既不反映作者，也不反映《哈佛商業評論》的意圖。

最後，本書裡的某些圖表真的就是很糟，它們有些致命的執行缺陷，或者就是一團亂。提出一些未臻理想的東西，能給你從中學習和改進的機會。值得注意的是，雖然有些圖表並不理想，但卻是**實際可行的**，它們採用了我在全球、網路，以及工作上，在幫助他人把資料視覺化時常見的方法和技巧。

PART
ONE

增進技巧

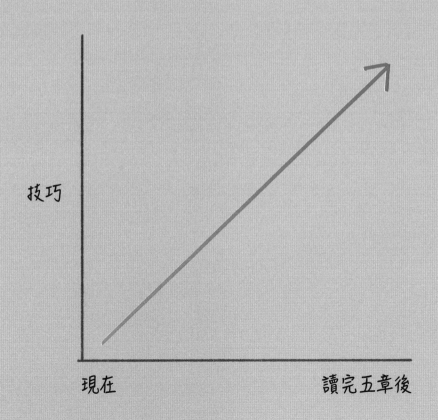

第一章

優化祕訣一
控制顏色

有些顏色能相互調和，其他顏色則會相互衝突。

——愛德華・蒙克（Edvard Munch）

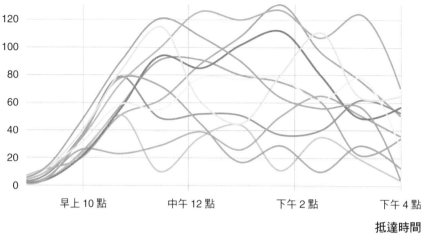

監理站無預約時所需等待時間：舊金山與奧克蘭附近地區的比較

等待分鐘

早上 10 點　　　中午 12 點　　　下午 2 點　　　下午 4 點

抵達時間

━ 奧克蘭　━ 奧克蘭競技場地區　━ 科提馬德拉　━ 達利城　━ 舊金山
━ 瑟利托　━ 核桃溪　━ 海瓦德　━ 紅木城　━ 聖馬提歐　━ 佛利蒙

如果你的時間只夠專注於改進圖表中的一件事，那就從顏色下手。大多數的軟體都無法從上下文脈絡判斷、使用顏色。軟體無法重新定義跟組合變數。因此，軟體就會給每個變數賦予個別且隨機的顏色。如果遇到非常不合邏輯的狀況，你的第一次產出可能會是一團混亂的彩虹，就像上面的圖表。

這樣可不好。我們的眼睛大概最多能分辨和記憶五到七種顏色。大多數圖表一開始都有太多顏色。你的工作就是確認，你需要哪些顏色，然後就只用這些顏色。

你不用特地找專業設計師，也能利用良好的色彩組合來製作出優質的圖表。你只需要遵循下面這些指導原則：

1　**別用太多顏色。**堅持用最少的顏色來表達你的想法。這有點像數學上的約分，有時我們看到數字顯示為 10/15，但它其實可以用 2/3 來表示。同樣的，我們可能想用八種顏色，但實際上只需要用四種，或者兩種顏色就足夠。找出使用相同顏色將變數分組的方法。

2　**使用灰色。**灰色是你的好朋友。它和白色背景的對比度較小，在其他對比度較高的顏色之下，可以傳達「背景資訊」的感覺。它不像強烈的顏色那樣吸引目光。在許多圖表中，你可以用灰色來擔任軟體自動指定的某個主色。

3　**創造互補或對比。**當某些變數在本質上相似時，可以使用相似或互補的顏色。當它們相反時，就使用對比色。讀者自然會把它們串聯起來，相似的東西放在一起，不相似的東西就不放在一起。這聽起來有點多餘，但請記住，軟體並不懂這種事情。如果我們有八個關於不同年齡層的男性和女性的變數，那軟體就會指定八個不同的顏色。我們就可以在相同性別的不同變數中使用互補色，並對不同性別使用對比色，例如四種色調的綠色和四種色調的橙色。只需要用兩種色系。看來就清爽多了。

4 **專注在變數上**。文字、標籤和其他不是傳達數據資訊的其他標記，最好只用黑色或灰色，或者黑底白字來顯示，僅允許少數例外。有時，用相同顏色讓某個標籤連接到某條線會更有效果，但要謹慎使用。一般來說，用不同顏色點綴文字，容易讓人分心。

5 **專心於如何使用顏色，而不是使用哪些顏色**。選顏色這件事莫名地花時間，但這遠不如你該如何使用顏色來得重要。掌握背景資料與主要資訊的差異、讓變數互補和對比，以及如何改變色彩飽和度這三件事，都會比挑選你自己喜歡，或者你的品牌經理要求你使用的顏色，帶來更好的決策。

6 **額外專業提示：考慮色盲人士**。如果觀眾裡有各種色覺缺陷的人，顏色使用得再好也沒有任何意義。數據指出，高達 10％的男性患有紅綠色盲，而 1％ 至 5％的男性患有其他種類的色盲。色盲的人可能將兩種顏色視為相同的顏色。好消息是，諸如 Coblis[1] 和 Color Oracle 這樣的工具，會讓你更容易看到，你的圖表在患有色盲的人眼中是什麼樣子。在匆忙時，我常常忘記檢查配色方案是否可以滿足色盲人士，我正努力在這方面做得更好。本書中每一張不是故意設計得不精良的圖表，都已經確實檢查過，可以讓色盲人士分辨出顏色。

---

1 請參考 http://www.color-blindness.com/coblis-color-blindness-simulator/.

如果你運用這些指導原則，並理解工作主題，就能將上圖中混亂的色彩轉化為連貫性的色彩：

監理所無預約時所需等待時間：舊金山地區在午飯時間去試試，奧克蘭地區則稍後再去

等待分鐘

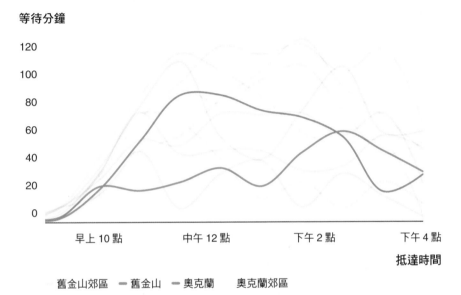

舊金山郊區　— 舊金山　— 奧克蘭　奧克蘭郊區

接下來的挑戰例子，主要是幫助你培養配色觀念。請把重點放在如何增進使用顏色的技巧，並按照每個圖表的提示操作。對於這些挑戰例子，不必擔心表單格式，同時只在與用色議題相關時，才需要考量標籤、數值範圍、標準慣例和其他事項。

用色技巧練習

1. 在一個長條圖（bar chart）中，你想顯示年齡較大和年輕的
   男性之間，與年齡較大和年輕的女性之間的比較。你會選擇
   哪一組顏色？

   A ━ 20 歲以下男性　　**B** ━ 40 歲以下男性　　**C** 　20 歲以下男性
   　　 ━ 20 至 40 歲男性　　　 ━ 40 歲以上男性　　　 　20 至 40 歲男性
   　　 ━ 40 至 60 歲男性　　　　　　　　　　　　　　 　40 至 60 歲男性
   　　 ━ 60 歲以上男性　　　　　　　　　　　　　　　 ━ 60 歲以上男性

   　　 ━ 20 歲以下女性　　　 ━ 40 歲以下女性　　　 　20 歲以下女性
   　　 ━ 20 至 40 歲女性　　　 ━ 40 歲以上女性　　　 　20 至 40 歲女性
   　　 ━ 40 至 60 歲女性　　　　　　　　　　　　　　 　40 至 60 歲女性
   　　 ━ 60 歲以上女性　　　　　　　　　　　　　　　 ━ 60 歲以上女性

2. 在一個散布圖（scatter plot）中，你想顯示四個業務團隊的
   績效布分布，但你的目標是相對突顯歐洲業務團隊的績效。
   你會選擇哪一組顏色？

   A ● 歐洲　　　**B** ● 歐洲　　　**C** ● 歐洲　　　**D** ○ 歐洲
   　　 ● 北美　　　　　 ● 北美　　　　　 ● 北美　　　　　 ● 北美
   　　 ● 亞洲　　　　　 ● 亞洲　　　　　 ● 亞洲　　　　　 ● 亞洲
   　　 ● 非洲　　　　　 ● 非洲　　　　　 ● 非洲　　　　　 ● 非洲

3. 你想比較中午前和中午後的銷售情況。為下方的堆疊長條圖
   （stacked bar）創建配色方案。

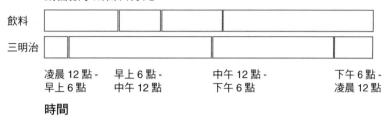

銷售數字所占百分比

| 飲料 |
| 三明治 |

凌晨 12 點 -　　早上 6 點 -　　　　中午 12 點 -　　　　　　　下午 6 點 -
早上 6 點　　　中午 12 點　　　　下午 6 點　　　　　　　　凌晨 12 點

時間

4. 你想在一個李克特式量表（Likert-type scale）中，顯示從
「非常同意」到「非常不同意」的選擇範圍。請為下方的每
個調查問題，選擇最能描繪出問卷結果的配色方案。

A.請評估你對這個陳述的感覺：我已經準備好迎接改變這間公
司的挑戰。

B.請評估你對這個陳述的感覺：我們的領導者已經準備好迎接
改變這間公司的挑戰。

C.請評估你對這個陳述的感覺：我相信公司的策略。

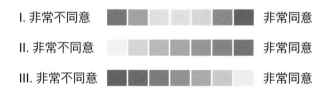

I. 非常不同意　　　　　　　　　　　　　非常同意

II. 非常不同意　　　　　　　　　　　　非常同意

III. 非常不同意　　　　　　　　　　　　非常同意

5. 在一張線圖（line chart）中，比較四個價格趨勢與平均趨勢
的差異。你希望觀眾看到其中兩條顯示出低於平均價格趨勢
的曲線。哪個顏色適合代表平均趨勢曲線？

A. 使用與低於平均水準的趨勢線顏色相似的顏色，以顯示它們是我們想要拿來與平均水準比較的對象。

B. 使用與低於平均水準的趨勢線顏色對比的顏色，好將這兩條線突顯出來。

C. 黑色，讓它與四條趨勢線相較呈現中性。

D. 灰色，讓它足夠明顯，可以當作比較基準，但又不至於太搶眼。

6. 這是一個關於汽車製造商的圖表，其中有許多變數。將它們分組，以減少需要使用的顏色，並選定一個配色方案。找出只需要兩種顏色的分組方式。

美國汽車公司	飛雅特	普利茅斯
奧迪	福特	龐帝克
寶馬	本田	雷諾
別克	馬自達	紳寶
凱迪拉克	賓士	速霸陸
雪佛蘭	水星	凱旋
克萊斯勒	日產	福斯汽車
雪鐵龍	奧斯摩比	富豪
達特桑	歐寶	
道奇	寶獅	

7. 在這張圖表中，找出四個可以刪除顏色的地方。

購買無人機時，有哪些因素是重要的？

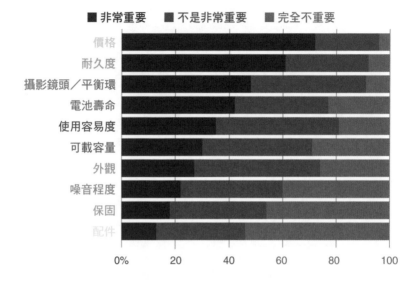

8. 為上題的堆疊長條圖做出一個替代配色方案，幫助觀眾專注於購買無人機時考量的重要因素。

9. 找出一種合乎邏輯的方法，來減少這張堆疊區域圖（stacked area graph）中的顏色數量。

12 種常見的機器學習技巧

這些技巧是在分析四年期間公布的一千一百五十篇研究報告而得出。

占研究報告的百分比

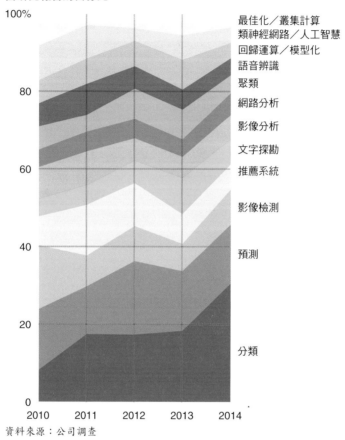

資料來源：公司調查

10.這張圖表的色彩使用有什麼問題？你會如何修正？

你最喜歡哪個顏色？

討論區

請記住，下面所列的不見得是正確解答，只是提出了一個答案。你可能已經想出其他方法，來改進在熱身訓練題目中關於顏色的使用，但接下來的討論重點，將能強化你圖表中顏色的有效使用。

1. 答案：B。本題情境集中在二元比較，也就是年輕人和老年人的比較，因此我們將每個性別濃縮成兩個群組，四十歲以下的人與四十歲以上的人。我們為這兩個群組的男性指定類似的色調，而女性群組也做相同處理。八個變數就此變成四個，需要的長條也就此減少，同時也只需要兩種顏色。選項A顯然使用過多顏色，這會讓長條圖色彩過多。而C從淡到深的圖解方式，仍然讓每個性別維持了四個變數，可是我們只需要兩個就夠了。漸層飽和度也暗示了某件事物的不同程度。這可能對年齡分析有幫助，讓年輕人群組的色彩飽和度較低，這不完全是靠直覺可以知道的。

2. 答案：C。拿歐洲與其他地區相比，代表我們希望大家的目光直接望向歐洲。其他變數的存在，只是為了與歐洲比較，它們之間的差異並不重要。給其他地區突出的色彩，將會過度強調它們，因此刪除了D。因為有四個各自相異的顏色搶奪注意力，刪除A選項，因為仍然有兩組相異的顏色，雖然這個顏色分類並沒有什麼意義。B並不是個壞選擇，但是

用黃色來顯示三個變數，會讓大家注意這個區塊，讓它在這個頁面上比歐洲更容易被人標記出來，因為這是三個變數的組合。如果將「其他」群組以灰色顯示，甚至根本不標示個別名稱，而僅稱為「其他地區」，我們就不會留下任何不確定性了。圖表將很明顯的請大家直接注意歐洲。

3. 這題很簡單，但讓我們遵守議題，只需要比較中午前和中午後的銷售情況。長條圖各區塊間的白色細線，讓我們得以看到色組中各時段的子區塊。還有其他可能可行的方法，那就是在長條圖兩個末端使用較淺的色調，以產生「正午」和「清晨」與「深夜」之間的對照感，或者如果「中午前」和「中午後」所指的是在醒著的時間，就將長條圖兩端用灰色來顯示。

銷售數字所占百分比

| 飲料 | | | | |
| 三明治 | | | | |

凌晨 12 點-　　早上 6 點-　　中午 12 點-　　下午 6 點-
早上 6 點　　中午 12 點　　下午 6 點　　凌晨 12 點

時間

4. A：III。如果你想展現強烈的情緒，就在兩端採用相反的顏色，然後讓兩個顏色朝中間淡化，效果會很好。在本題，亮度反映衝突，而色度濃淡則反映積極與消極態度。

B：I。如果你想展現一種正面感受或者準備狀態的強烈程

度，試著用單一色彩從淺到深的濃度來表達。在本題，粉紅色的深度反映了受訪者的準備程度。

C：II。如果你想展現一種負面感受或者懷疑感的強烈程度，只要改變上一題的方法，從深至淺就好。在本題，越深的藍色反映了更強烈的懷疑。

B 和 C 之間的區別很細微。如果你將這兩題的答案互換，也是可以的。

5. 答案：C。或者 D 也可以。低於平均趨勢的線條，應該使用突顯的顏色，因為這是我們希望大家聚焦的地方。同時，重點在於這些線條相對於平均趨勢線的表現，所以我們也不想讓平均趨勢線被忽視。灰色可能太淡，深灰色可能會有效。如果我們選擇 A 或 B，會讓觀眾困惑。在上面兩種情況，表達重點看來都是比較組中的另一個變數，而不是敘述比較組中某件事情的平均線。

6. 我做了兩種分組方式，一個有三個變數，另一個有兩個變數。三個顏色的分組方式採用相互對比的顏色，因為每個顏色代表一個不同的區域，而我希望很容易的區分它們。第二個分組方式使用了突出色和灰色，因為已經停產的汽車，在某種意義上就是不活躍的，和灰色的感覺一樣。

●　歐洲車　　　　　　　○　仍在生產的汽車
●　美國車　　　　　　　●　已經停產的汽車
●　亞洲車

7. **標題**。在這裡使用顏色，並不能讓人更專注於購買無人機時有哪些考量重點這個關鍵思考方向。此外，將標題與「完全不重要」的選項使用相同顏色，看起來很讓人混淆，而且相互衝突。

分類標籤。這種彩虹式的多色彩選擇，是種不必要的裝飾，而且這些顏色與視覺圖中的任何東西都沒有關聯性。

圖例說明。有時候，在圖例中讓說明文字與它們在圖表中所代表的顏色一致是有幫助的。但本例中我們已經在圖表中使用色塊了。如果我們保留色塊，那麼在圖例中的文字僅需用黑色即可。

X 軸標籤。將這些百分比數字，與各個變數的顏色連動，會讓人覺得困惑。畢竟，有 80％的人不會選擇「完全不重要」。一般來說，標籤不需要指定顏色，尤其當這個顏色已經指定給其他東西時，就更不該使用。

8. 由於變數橫軸代表重要性遞減，也就是某個選項的重要性越來越小，我們就可以用越來越淺的顏色來表示，讓最不重要的選項成為飽和度最低的群組。我們仍然可以看到三個選項組，但是我們也能迅速理解重要性逐漸降低，這種呈現方式比原來的更清楚。

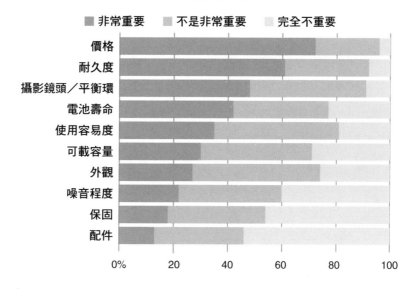

購買無人機時，有哪些因素是重要的？

■ 非常重要　■ 不是非常重要　■ 完全不重要

價格	
耐久度	
攝影鏡頭／平衡環	
電池壽命	
使用容易度	
可載容量	
外觀	
噪音程度	
保固	
配件	

0%　　20　　40　　60　　80　　100

9. 堆疊的彩虹圖形看來很有趣，我甚至敢打賭你還沒開始看第
   9 題之前，就已經先看著那張圖了，但這麼多顏色的圖形，
   卻非常難使用。所有東西都在爭著引人注目。我們可以為這
   張圖做出各種邏輯分組，可以將前三個類別當成一個組，來
   跟其他類別對比，這樣就只要兩個顏色。或者讓前三類別各
   自擁有特定的顏色，而讓其他類別使用第四種顏色。或者把
   這張圖的上半部視為一個群體，其他部分則使用灰色。由於
   本題是開放式的挑戰，所以上述任何一種方式，都是不錯的
   分類群組方法。我選擇分成三組，每組各有四個變數，其中
   最大的一個群組分配顯眼的顏色，其他兩組則配置不那麼引
   人注意的灰色和淺棕色。這個方法製造出明顯的區別，但又

不會讓眼睛看見太多顏色而無所適從，它會將目光引向機器
學習技巧中最常見的區塊。

12 種常見的機器學習技巧
這些技巧是在分析四年期間公布的一千一百五十篇研究報告而得出。

占研究報告的百分比

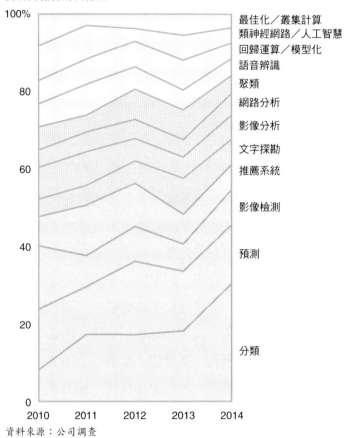

資料來源：公司調查

10. 儘管這張圖表的清晰度值得稱讚，但對紅綠色盲的人而言，它看起來會像下方的第一張圖表。最簡單的解決方法，就是給這些橫條加上標籤。但為了更明確，我們可以在這兩個區塊增加交叉影線，以便在顏色容易混淆的情況下，創造一個容易辨識的幾何圖形。

你最喜歡哪個顏色？

你最喜歡哪個顏色？

紅色   綠色

顏色不是為了讓圖表漂亮而存在

我們如何運用時間

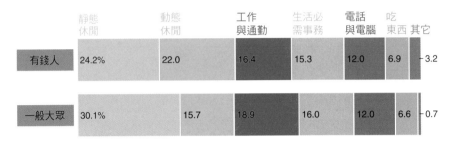

	靜態休閒	動態休閒	工作與通勤	生活必需事務	電話與電腦	吃東西	其它
有錢人	24.2%	22.0	16.4	15.3	12.0	6.9	3.2
一般大眾	30.1%	15.7	18.9	16.0	12.0	6.6	0.7

　　含有許多變數的圖表，而且每個變數都有用上一個顏色時，不可避免地會製造出彩虹效果。製表軟體會為每個變數分配專屬的顏色，而不考慮相互關係。彩虹很漂亮，但在圖表上通常是不利的。當所有顏色都在搶奪注意力時，試圖掌握哪個顏色代表哪個變數，是很困難的。第二個同樣像調色盤的堆疊長條圖，讓圖表成為經典的虛有其表，看來很迷人，但缺乏「營養」。我們很難從中讀出意義，因為它很難使用。我們來修改它吧。

1. 忽略上下文的關係，找出最多三個可以刪除顏色的位置。
2. 找出方法利用較少的顏色，將所有變數進行分組，但仍然維持有效的區分。
3. 你想和聽眾討論休閒時間。為這個議題做出一個配色設計。
4. 找出一種方法，讓圖表保留七個顏色，但不至於產生讓人困惑的彩虹效果。

製圖區

討論區

由於這兩個堆疊長條圖測量相同的變數,而且並列放置,觀眾自然會假設他們要進行比較。所以,最好的做法就是把顏色限制在你希望大家去比較的地方。

1. 不管上下文情境,可以去除顏色的三個位置是標題、長條圖的標籤(有錢人與一般大眾),以及變數標籤。

   數據資料的顏色已經夠豐富了。將文字再加顏色,不會有任何效果。在這張圖裡,它只會讓標題淡入視覺圖表區。給標籤加上顏色,是一個添亂的設計選項,而不是增加價值。這種作法是讓標籤調和,而不是突顯。它們甚至有可能被誤認為是另一個資料類別。此外,將變數標籤與它們的長條顏色匹配,也許看來是個好主意,但是在已經包含這麼多顏色的視覺圖裡,克制用色或許更好一些。

   這是將這三個位置的顏色去除後的同一張圖表:

我們如何運用時間

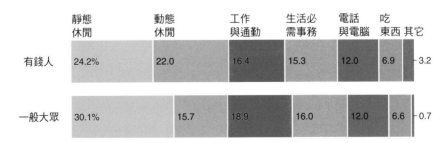

這三項調整是非常顯著的。它仍然色彩豐富，但感覺比較容易掌控了。對比程度最高的白底黑字，讓標題和標籤都跳了出來。在這裡提供一個與顏色無關的提示，如果將標籤放在條形圖之間，會更強化這張圖表，因為這些標籤會與兩個視覺圖相鄰。

2. 為了找出合乎邏輯的分組方式，這些變數間的關係可以分為三類，休閒、工作和生活必須項目，再加上我用灰色來顯示的「其它」，因為「其它」通常是一小撮你不希望觀眾注意的資料。

在這個階段，確認這些分類不要使用相近的顏色，因為這些分類是明顯不同的。舉例來說，如果將工作和休閒使用不同層次的紅色，就意味著它們在某些方面是相似的，然而它們卻是完全相反的。最後，請注意我將「生活必需事務」與「電話與電腦」對調，以便將變數進行分組。因為軟體會根據資料輸入的次序，自動排列生成圖表，但並不表示你必須接受這種結果。

我們如何運用時間

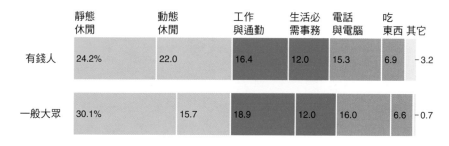

3. 在下一頁的圖表中,「休閒」是重點,因此會給它吸引目光的顏色。有時候,為了吸引注意力,我會把所有變數都變成灰色,只為一個變數添加顏色,以表達我的觀點。在這張圖表中,把其餘部分的色彩移除,自然形成二分法。我們不再看到七個變數,而是兩個,也就是休閒與其它。此外,由於前兩項活動就是不同型態的休閒,使用同一色彩的兩種色調,就能顯示出它們是互補的,而不是對比的。靜態休閒分配了較淺的色調,因為它感覺比較柔和,也就是不那麼動態,如果它相對比較暗,但兩種休閒型態都以藍色呈現,也是可行的。將標籤中的關鍵字也加上顏色,有點錦上添花,這是不必要的,不過它並不會搶走注意力。

我們如何運用時間

	靜態 休閒	動態 休閒	工作 與通勤	生活必 需事務	電話 與電腦	吃 東西	其它
有錢人	24.2%	22.0	16.4	15.3	12.0	6.9	-3.2
一般大眾	30.1%	15.7	18.9	16.0	12.0	6.6	-0.7

4. 這是個有難度的挑戰，我反覆掙扎想找出好的解決辦法。不論你怎麼嘗試，給七種顏色相等的重要性，都冒著創造出彩虹效應的風險。為了讓每個變數看來獨特，但又不壓過其他顏色，我使用了空白區塊，並只在周邊著色。我讓數值和標籤都添加了顏色，以加強連結感。但我不認為這張圖表很成功。它一方面強調了數字和標籤，將焦點從長條圖上移開。但如果我想讓你注意數字和標籤，何不做個表格呢？視覺圖表的價值已經被降低到幾乎無用的程度。我是在比較大小尺寸，還是只是在看數字？另外，由於對比度低，有些顏色在白色背景下很難辨識。

我附上這個版本是為了顯示，有時你想做到的事就是行不通。你必須改變方法或者妥協。在這個例子中，只依賴操作顏色可能無法維持在不讓個別顏色顯得刺眼的狀態下，區分這七個變數。你需要從其他地方著手，例如表單本身，你將在後續的挑戰中遇到這樣的例子。

我們如何運用時間

用配色秒懂議題

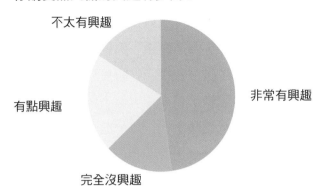

你購買無人機的興趣有多高？

不太有興趣

有點興趣

非常有興趣

完全沒興趣

　　我們先簡單談談圓形圖（pie chart）。圓形圖最適當的用法，是用在簡單的比例分配，最好是兩到四塊之間。當其中一塊的比例占主導地位，例如一半或四分之三時，圓形圖最為有效。

　　一旦圓形圖有多個顏色與多個區塊，反而看來相同，讓數值的比較變得困難。偏偏圓形圖很簡單，就會想花更多時間去設計它們，畢竟，跟散布圖比起來，圓形圖沒有很多可以操作的部分。這裡的例子是試圖針對一個還不完善的圓形圖，限制使用的顏色與區塊。我們開始動手吧。

1. 指出這張圓形圖在用色上的兩處問題。
2. 使用新的配色方案重新製作圖表。
3. 你希望觀眾看見對無人機有正面興趣的人的比例。為這個新目標提出配色方案。

4. 你只想討論三十歲以下的受訪者對無人機的興趣。使用以下
   資料，採用新的配色方案重新製作圖表，以聚焦於這個群
   組：

	三十歲以下	三十歲以上
非常有興趣	34	14
有點興趣	14	7
不太有興趣	5	11
完全沒興趣	2	13

製圖區

討論區

　　這個配色方案雖然看來美觀，但卻無理可循。給人感覺相當隨意。它沒有強調任何特定的分組方式或主張。有時，當行銷部門有意使用公司的官方配色，或者當有人試圖建立人為的連結時，就會出現這種配色方案。舉例來說，如果這是一張關於香蕉的圖表，使用黃色可能就是想讓這個配色看來巧妙的嘗試。最好的做法是考量各群組，然後根據考量結果選用顏色。

1. 這些顏色沒有按邏輯分組。我算出兩組變數，那就是有興趣與缺乏興趣。但在此處，暗黃色被指定為「非常有興趣」和「不太有興趣」的用色，而亮黃色則被指定為「完全沒興趣」和「有點興趣」的用色，明暗兩種顏色的使用並無邏輯性。

   顏色深淺變化不符邏輯。另一種看待這四個變數的方式，就是將它們視為一個光譜，從非常有興趣到完全沒興趣。但圓形圖的各區塊卻在這個光譜中隨意跳動。如果我使用一到四的數字，來代表從非常有興趣到完全沒興趣，然後按照我們通常在觀看圓形圖時，會以順時針的方式來閱讀，你讀出的結果就會是一、四、二，然後三。

2. 有興趣和沒有興趣的群組是相對的，所以我使用不一樣的顏色。但在每個群組中，組成的變數是互補的，所以我使用一個顏色的不同色調，讓同一群組中更深的色調代表更強烈的

感覺，而不飽和的色調，則代表較溫和的感覺。

你購買無人機的興趣有多高？

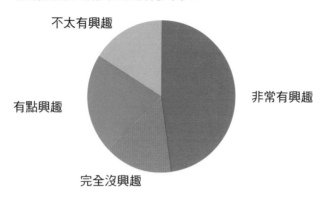

由淺至深漸進的邏輯問題在目前變得非常明顯。我想比較有興趣和沒有興趣的群組，但當這些群組被拆散時，是很難做到的。於是我重新排列了這些區塊。

你購買無人機的興趣有多高？

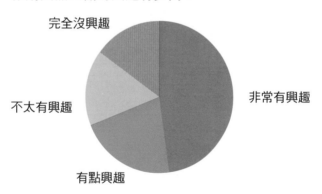

3. 為防止觀眾聚焦於錯誤的資訊，從視覺圖表中移除一些資訊，可以讓重要的觀點更加醒目突出。在此處在「沒有興趣」的群組改為次級灰色，並移除標籤，這就對觀眾表示，要他們聚焦於對無人機有興趣的群組。

你購買無人機的興趣有多高？

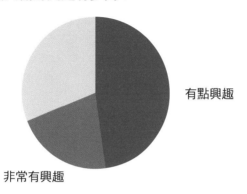

有點興趣

非常有興趣

4. 一開始，你可能想嘗試做最簡單的處理，那就是用人口統計資料來分割製作圓形圖的區塊。因為導入新的顏色或色調，就會形成八個不同的區塊和顏色。我使用了簡單的分隔線和標籤。儘管這讓我們看見了三十歲以下對無人機有興趣的人，但缺少聚焦的引導。圖表使用者必須要查找才能看見這些資料。

你購買無人機的興趣有多高？

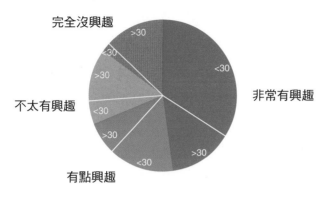

可以再次使用灰色處理方式並移動區塊，隱藏三十歲以上的
受訪者。添加的副標題可以確保觀眾知道聚焦的區塊代表哪
些群組，如果沒有它，顏色會變得混亂，而觀眾也會好奇灰
色的區塊代表什麼。

你購買無人機的興趣有多高？
三十歲以下受訪者

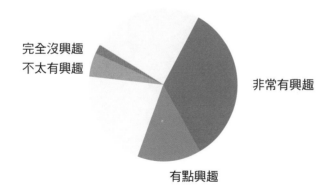

我滿喜歡這張圖表把區塊彼此相對,營造出一種這些相對那些的真實感覺。讓人一下子就看出有興趣的人占了壓倒性的數量。

我無法一眼看出的,是所有三十歲以下的受訪者所占的實際比例,因為灰色的區塊將三十歲以下的資料隔開了。我必須在心裡移動那些綠色的區塊,讓它們與粉紅色的區塊相鄰,但這很難做到。如果這在我的圖表脈絡中很重要的話,我就會調整一下。

當三十歲以下受訪者的總比例很重要時,這是另一個很好的呈現方法。以比較工具而言,我仍然更喜歡前面那張圖表,但我們應該讓議題需求將決定該使用哪一張圖表。

你購買無人機的興趣有多高?
三十歲以下受訪者

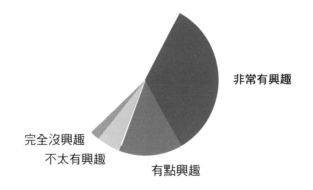

讓顏色幫你突顯觀點

各城市房價指數
基準指數：1998 年 7 月 = 100

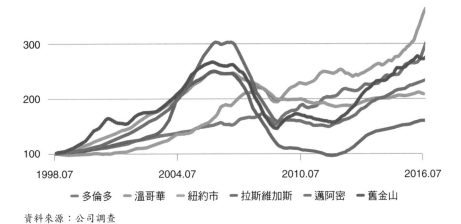

多倫多　溫哥華　紐約市　拉斯維加斯　邁阿密　舊金山

資料來源：公司調查

　　線圖在使用顏色上也有另一種挑戰，因為這些變數會融合、交錯，而且往往會糾結在一起。這些不同顏色的節點製造了一種忙碌感，使得線圖很難讓讀者從線圖看見趨勢。為了測試這一點，請嘗試在上圖中追蹤舊金山的房價趨勢。我們動手吧。

1. 提出這些變數的邏輯分組方式，並為這個分組方式選定用色方案。
2. 擬出一個用色方案，幫助觀眾聚焦於加拿大的房價。
3. 再做出上圖的兩個不同版本，並用顏色來聚焦於資料中的趨勢。

製圖區

討論區

這麼多顏色的相互作用，讓我們對圖形的觀察，從六種不同的趨勢縮減到一個，然後又轉向看到與一般趨勢線背離的線條，例如在房市泡沫下方的兩條線。如果我們想比較趨勢線，那麼不更改這張圖，是幾乎做不到的。我們要找出想讓大家看到的趨勢，並考慮前景和背景的資訊和顏色。

1. 此處最明顯，但並非唯一可行的分組方式，就是按照國家來分組（見下頁圖），這將使顏色從六種減少至二種。我們在這張圖表中看見趨勢線的能力，與原來的圖表相較，差異相當顯著。我們立即注意到，加拿大城市房價顯著的趨勢線，穩定攀升超越了美國城市，而相應改變的標題也反映了這一點。請注意，圖例已經刪除，標籤也與對應的趨勢線相鄰。這樣可以移除下方的解說，並減少眼睛來回移動。現在我們的眼睛不需在圖例和線條之間來回奔波，以找出城市與其代表的顏色。我本來想給城市的標籤著色，但在此處感覺並不必要。如果這些線條靠得更近，迫使標籤緊密重疊，那著色也許就有幫助，但在本圖表中，空間仍然足夠。

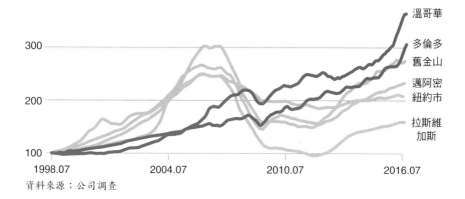

加拿大房價攀升超越美國
基準指數：1998 年 7 月 = 100

資料來源：公司調查

2. 粉紅色和藍色的這張圖表，能凸顯新的標題嗎？或許可以。
但藍色線條與粉紅色線條同等注目。如果將美國城市的資料
作為背景變成灰色，就可以輕易解決這個問題（見下頁
圖）。記住！觀眾的眼睛將會投向有顏色的地方。這次的圖
表中標籤仍有著色，但我對這個方式並不怎麼支持。不過，
最重要的是只聚焦在一個顏色。在房價指數三百的那條綠色
軸線，讓大家注意到加拿大房價，已經上漲到多高，甚至高
於泡沫房價！你原本還想用標示說明來達成這件事，寫一個
句子，然後用一個指示箭頭來說明情況。其實，一個標記加
上良好的配色，更快達到同樣的效果。整體而言，這張圖表
已經被修改成讓觀眾不可能錯過重點，那就是該討論加拿大
的房價，已經高得有泡沫化危機了。

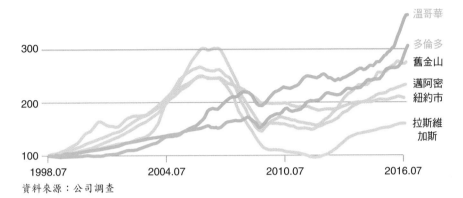

加拿大房價：是穩定成長還是新的泡沫？
基準指數：1998 年 7 月 = 100

資料來源：公司調查

3. 即使在這張簡單的線圖裡，仍然可以突顯多種趨勢。你可以
用兩種顏色來比較東西岸的城市，或者沿海與內陸城市。你
可以強調房價變動最大與最穩定的市場。我選擇研究的兩個
趨勢，都與房價泡沫有關（見下頁圖）。

首先，我比較了兩個都曾經歷泡沫化但復甦結果不同的城
市。它們的房價指數高峰相同，但如今卻有巨大的房價差
距。這是不同地點的比較，所以我使用不同的顏色。我若將
其他城市都移除，仍符合標題。但因為保留了它們，我觀察
到了從前沒有發現的事情，那就是拉斯維加斯是這幾座城市
中房價變化的真正離散點，而舊金山的房價成長，則與其他
城市相符。

相似的泡沫，不同的復甦結果
基準指數：1998 年 7 月 = 100

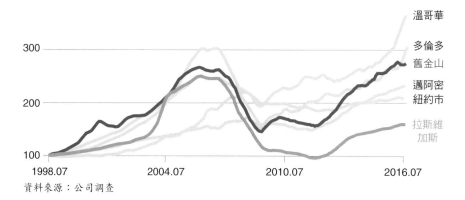

溫哥華
多倫多
舊金山
邁阿密
紐約市
拉斯維
加斯

300

200

100

1998.07　　　2004.07　　　2010.07　　　2016.07

資料來源：公司調查

　　接著，我決定使用與上一頁加拿大圖表中相同的技巧，來顯示舊金山的房價正在再度「泡沫化」。用單一顏色標示，能輕易將 2016 年的房價水準，與前次泡沫高峰期的房價加以連結，讓這個趨勢顯而易見。其他的都是背景資訊，所以用灰色來淡化。

舊金山房市再度泡沫化
基準指數：1998 年 7 月 = 100

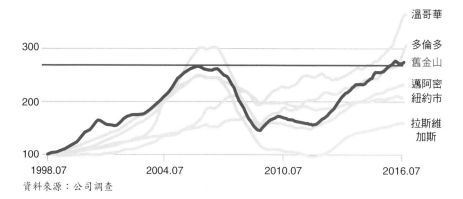

溫哥華
多倫多
舊金山
邁阿密
紐約市
拉斯維
加斯

300

200

100

1998.07　　　2004.07　　　2010.07　　　2016.07

資料來源：公司調查

第二章

優化祕訣二 打造清晰度

對我而言，美好總是藏在最清晰的事物裡。

——郭特霍德‧埃弗瑞姆‧萊辛（Gotthold Ephraim Lessing）

如果你的圖表需要使用文字說明，或者觀眾要求你說明圖表，又或者有人看著你的圖表然後脫口而出「我到底在看什麼啊？」這就意味著你的圖表不夠清晰。**一張清晰的圖表，幾乎不需多加說明，就能傳達想法。**它可以獨自完整存在，有時還會產生「極樂點」，也就是立即且不假思索就能心領神會的那個瞬間。

這種感覺與我們看著擁有華麗的配色方案、曲線圖案和大量資料的養眼圖表所得到的感覺不同。這種圖表很讓人著迷，但不見得會讓人產生體悟。極樂點則會產生瞬間理解所帶來的閃亮光芒。它們甚至不必很漂亮。我們來比較一下：

養眼圖表

澳洲蛇咬人例子統計

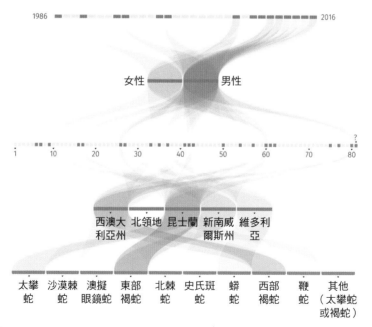

資料來源：BY MATT GOULD, CC BY-SA 4.0, HTTPS://COMMONS.WIKIMEDIA.ORG/W/INDEX.PHP?CURID=58876507.

極樂點

小兒麻痺症

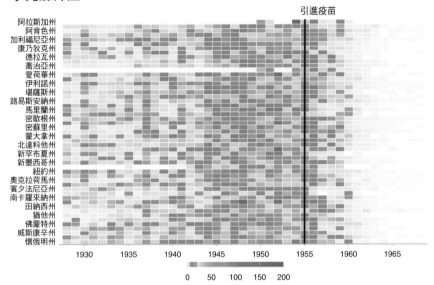

資料來源：REPUBLISHED WITH PERMISSION OF DOW JONES INC., FROM WSJ.COM, "BATTLING INFECTIOUS DISEASES IN THE 20TH CENTURY: THE IMPACT OF VACCINES" BY TYNAN DEBOLD AND DOV FRIEDMAN; PERMISSION CONVEYED THROUGH COPYRIGHT CLEARANCE CENTER, INC.

　　第一張圖表很漂亮，但需要費功夫才能弄清楚。除了吸引目光外，我們仍不清楚那些扭曲的線條有何功用。它們使我們更難理解圖表。但第二張圖表想傳達的想法，在我們第一眼看到時就能理解。這就是做圖表的目標。

　　有時候，簡單有助於達到清晰的效果，但簡單的事情不見得都很清晰，清晰的事情也不見得都很簡單。想達到清晰效果，產生極樂點，我們需要的不僅僅是良好的配色和少量及簡單的設計。一旦圖表需要觀眾停下來思考、決定該把焦點放在哪裡，以及挑戰慣用

思維，都無法達成清晰效果。要達成清晰的設計，請使用下面這些
準則。

1 刪除多餘。考慮圖表上的每個標記，然後問自己「我是不是需要它們」，才能說明我的論點？舉個例子，由製作表格軟體自動生成，通常與主題無關的軸標籤，以及會分散注意力的格線，都會被保留下來。不必要的顏色會將注意力從核心思想中抽離。要更積極處理這些狀況。如果你認為可以不用變數就表明你的觀點，你甚至可以嘗試完全刪除這些變數。

2 移除重複。像「銷售與收入」這樣的標題，只不過重複軸線標籤而已。單純敘述視覺圖內容的加框文字，並不能帶來新的啟發。代表金額或百分比的軸線，就不需要在每個標籤上標示 $ 或 %等符號。在你的數據圖表中尋找資訊重複的地方，在維持清晰的情況下，盡量從圖表中刪除這些資訊。

3 限制顏色和視線移動。顏色吸睛力強，但也很容易分散注意力。如果把醒目的顏色分配給非核心元素，它們將會搶奪注意力。把顏色看成需要約分的分數。你想展示的是 2/3，而不是12/18。對變數進行分組，並對上下文的輔助資訊採用灰色處理，就能做到這點。帶有指示箭頭的圖例、說明和標題，都能強制視線隨之移動。當我們需要望向圖表右側尋找圖例，然後再將視線拉回圖表時，這樣反覆三、四次，看來好像小事一樁，但事實卻非如此。視線來回飛奔，或跟著長線讀取標籤，都會大大降低閱讀速

度。資訊離它所參照的事物越遠，視線的跋涉就越長。盡量讓標籤和說明文字離它們所參照的視覺圖像近一點。在線圖中，我喜歡把標籤放在它們代表的線的末端，它們對於在視覺圖表上搜尋的眼睛而言，擔任了視線的自然停止點，同時讓我們不必另外製作圖例。

4 **知道人們約定俗成的想法。**大腦的運作靠的是直覺。它會走捷徑。像大腦會直覺認為：時間的表現方向從左到右；數值變高時，較大的數值會在較低的數值之上；紅色代表熱、危險或壞的事物，而藍色則是冷或者水，綠色象徵良好或安全。當你的設計違反這些神經感受的慣例時，觀眾就需要努力克服它。想像一下從右到左讀取時間軸，或是一根頂部為 0％，而底部為 100％的 y 軸有多難讀。**尊重傳統，並加以利用。**如果一個趨勢讓人擔憂，那就將它標成紅色。將一個較大的數值，在你的圖表中放在其他數值之上。讓北方在上，而南方在下。

5 **描述觀念，而不是結構。**利用文字、標題、圖片說明和其他視覺標記，來突顯想法或見解，而不是描述視覺圖表的體系結構。與其重複說明表格的標題，對觀眾的幫助，還不如暗示或明確說明視覺圖表為何存在的標題來得顯著。舉例來說，讓我們比較一下「醫療保險和健康評估的支出分布」與「更多的支出不會提高健康水準」這兩個標題。或者「中位數營運逐年損失的趨勢線」與「損失正在不斷累積」這兩個標題。

6 **額外專業提示：把所有東西對齊**。在建立視覺秩序上，這個簡單的指導原則非常有效。一些圖表讓人覺得雜亂和模糊，部分原因就是圖表元素在整個視覺空間中四處獨立漂浮而造成的。軸線標籤傾斜放在軸的中間位置。只要有空白的地方，就會出現說明文字框。利用 y 軸作為左方的對齊點，建立第二個點，用它將說明文字與其他標籤對齊，混亂的感覺就會消失。

　　清晰的效果並不容易達成，圖表製作者傾向於把手邊所有的東西，包括變數、標籤和顏色，都塞進視覺圖表中。也許他們不確定中心思想究竟是什麼，也許他們希望將所有的數據都塞進去，好讓老闆看見他們有多忙碌。這或許可以讓圖表製作者深感安慰，但卻會讓使用者覺得圖表難以理解，或者更糟的是，讓人無法接受。展現一張將一件事情說明清楚的清晰圖表，在剛開始時可能讓你感到不安，但觀眾會欣賞它。

　　接下來的挑戰旨在提高清晰程度。專注於使用每張圖表的提示，以消除混淆與雜亂。不要擔心表單，並且只在與達成清晰效果相關時，才考量顏色、標籤、標準慣例與其他考量事項。

視覺邏輯練習

1. 你想用線圖來顯示三個預測圖中的逐年趨勢。哪個格線為這個議題打造了最清晰的觀看體驗？

A 預測

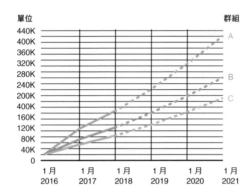

B 預測

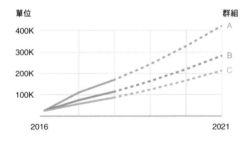

C 預測

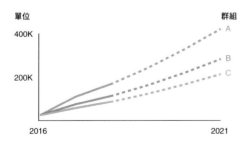

2. 在下面兩個長條圖中，找出讓兩者變得不清楚的共通元素。
   並在每張圖表中，指出讓它變得不清楚的獨特元素。

圖表 1：測量附近星系的距離與亮度
距離以秒差距[2]為單位（列於左側）亮度則以視星等[3]為單位（列於右側）

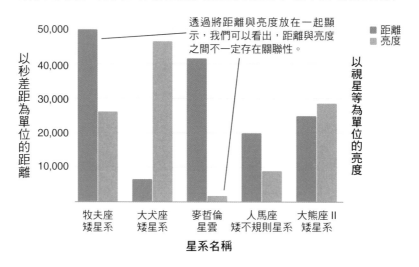

透過將距離與亮度放在一起顯示，我們可以看出，距離與亮度之間不一定存在關聯性。

圖表 2：距離與亮度
它們因星系而不同

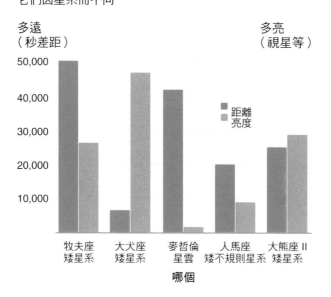

3. 是非題：為了使圖表更清晰，你應該盡可能從視覺化圖表中刪除內容。

4. 在這個座標軸區域裡繪製的數據視覺化結果，是否夠清楚？為什麼？

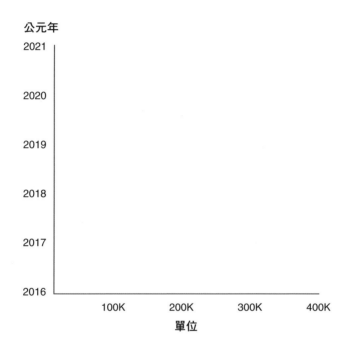

2 譯者注：距離單位，一秒差距等於三‧二六光年。一光年則約為九‧四六兆公里。
3 譯者注：由古希臘天文學家喜帕恰斯制定，測量恆星亮度的單位。

5. 在一張散布圖中，你要將幾個國家的平均健康醫療支出，與平均預期壽命進行比較。這張散布圖將顯示全面性的正相關，僅有一個國家例外，那就是美國，美國花費的健康醫療支出最多，但卻只達到中低程度的預期壽命值。你會選擇哪個標題，以達到清晰效果？

   A 幾個國家的健康醫療支出與預期壽命比較。
   B 投資在健康醫療支出，幾乎在各國都是有效的。
   C 在健康醫療支出花費更多的國家較為長壽。
   D 健康醫療支出在預期壽命值方面，教了我們什麼？

6. 這張圓形圖的哪個地方，讓它變得不夠清楚？你會如何改善？

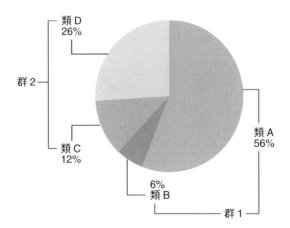

7. 你想在一張地圖上，根據區域別展示顧客的相對快樂與憤怒
   情形。下列哪種配色方案是最清晰的？

8. 在不知道這張散布圖的資料內容前提下，你首先會在視覺圖
   區域內的哪裡著手，來改善其清晰度？

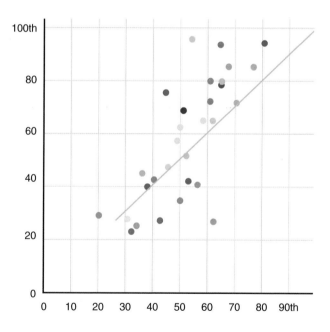

9. 這是上一題散布圖的擴充,但由於對齊點問題,而顯得不夠清晰。將所有垂直與水平對齊點標示出來。

童年時期家庭所得與成年後所得比較

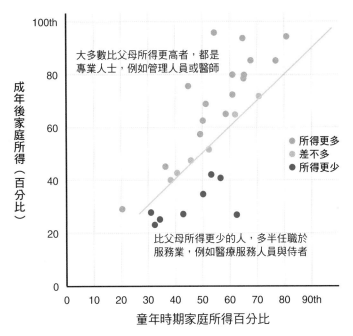

資料來源:NPR, FOX

10. 在改善這張圖的對齊問題後,找出其他讓這張圖更清晰的方法,並繪製出新的版本。

討論區

1. 答案：B。關鍵是議題在討論「逐年趨勢」。這讓我們刪去了 C，這個選項雖然努力讓它看來簡單，但卻移除了這些趨勢的任何跡象。在一個五年趨勢很重要的報告中，它可能是一個很好的圖表，但對我們的議題而言卻還不足夠。A 圖表也提供了逐年的趨勢，但它可能不夠簡化。Y 軸上的諸多數字與重量感，讓它難以閱讀。如果它的格線能像 B 圖那樣輕盈些，我們還能認為這些格線是有用的。它們在每年格線交錯處，提供了更精確的數值。但即使這些線條不是那麼強占優勢地位，也很難將它們與對應的數值連結起來，因為這些數值靠得太緊密了。你可以將圖表拉高，讓數值間增加一些空間，但即使如此，視覺上的忙碌感，也會與趨勢線爭奪注意力。

   注意在 A 與 B 之間，還做了些小調整，讓 B 更為清晰，標籤已經對齊。「群組」這個詞，也只使用一次，而不是用三種顏色加以重複。X 軸標籤上多餘的「一月」文字已被刪除，因為它沒有幫助。

2. 共通元素：X 軸的星系，是按字母順序排列的。雖然這是整理資訊的有效方法，但在此處卻不夠清楚，它只是將許多比較結果隨意組合。星系在宇宙中也不是按字母順序排列的。我們是在比較距離和亮度。將星系按照其中一種級數排列，例如從最近的到最遠的，或者最亮的到最暗的，將可以提供

一個定位點，讓我們觀察一個變數對另一個變數有什麼影響。對我來說，距離是更容易理解的變數，所以我會由近而遠來安排這些資料。從遠到近的安排，將會挑戰我們習慣將最接近的東西從左邊開始置放的知覺慣例。從距離最遠的東西開始，逐漸進行到最近的東西，感覺會很奇怪。

讓圖表不夠清楚的獨特元素：圖表 1 的問題是重複。這張圖表充滿了重複的地方。標題、副標題、y 軸、圖例和說明文字，都在說明著同一件事。如果你精確使用了指示線，那也是個很好的方式。但讓指示線指向代表不同星系的長條，是讓人困惑的，而且這些長線條也會製造視覺干擾。

圖表 2 的問題則是模糊。這張圖表修改了先前版本的許多問題，但卻過度簡化。標題本身就很模糊，什麼的距離和亮度？而副標題也顯然太反射性。它無法幫助我們了解，為什麼我們要看這個圖表。兩個軸的標籤很好也很短，但它們指的究竟是什麼？多遠指的是什麼？多亮指的又是什麼？X軸上的標籤「哪個」，也非常不明確。如果你不知道牧夫座矮星系這些是星系的話，你就沒了方向。但即使我們以為能弄清楚這個報告，資料的排列方式仍會阻礙我們。我發現自己不斷問著，這意味著什麼？它看起來更像是欠缺考慮的資料呈現，而不是傳達想法的視覺圖表。重點在哪裡？

這裡附上我修改的版本，經由簡化和經過組織的資訊平衡，來打造清晰效果。請注意，變數是通過距離漸增來排列，而這也突顯了亮度並不呈現逆向遞減的模式。我用標題加強了這一點，然後清理了軸線標籤，建立了較少的對齊點。

遙遠的星系閃閃發光，其他星系則暗淡無光

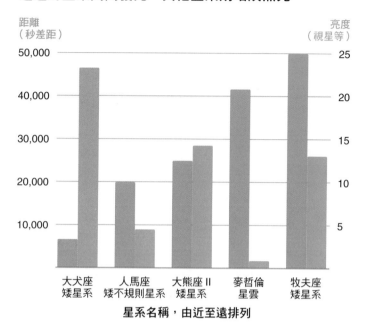

3. 答案：否。簡單確實珍貴，但仍有限度。移除太多東西，剩下的資料將變得模棱兩可。一張過度簡單的圖表與一團混亂的圖表，同樣讓人看不清楚。愛因斯坦曾說過：「一切事物都該盡可能簡單，但不要更簡單。」不要將圖表簡化得太多，而無法迅速掌握視覺圖表的核心思想。複雜的事情如果仔細組織，還是可以清楚呈現的。

4. 結果會是不夠清楚。兩個軸線置換的方式讓人覺得不自然。時間序列沿著 y 軸上升沒有什麼意義，因為我們認為時間應該是從左到右排列的。忽視這種期望，將給觀眾帶來不必要

的困惑。如果想知道這在神經學方面造成多破壞性的影響，那就看著坐標軸上的這張圖，試著回答一些簡單的問題，例如哪個群組成長最快？而 B 群組會在哪一年超越二十萬個單位？你很可能會歪著頭，讓 y 軸看來像是 x 軸。但如果你這麼做，就會看到一個從右至左反方向發展的 x 軸。這一切都會造就一個非常不清楚的經驗。

預測

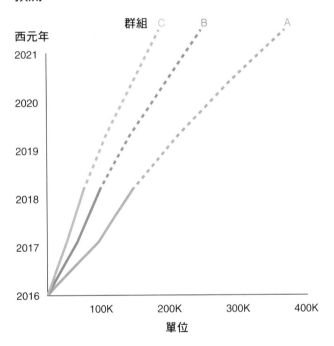

5. 答案：B。這個標題最能傳達我們希望大家看到的觀點，那就是美國是一個異常值。其他答案也不算錯，但每個都有缺點。C揭示了要傳達的想法，但它沒有指出異常值。異常值會吸引目光，是任何人看圖表會關注的焦點。這個標題還有一個語法錯誤，國家不會活得更長，而是國家的人民會活得更長。

A顯然是更不清楚的選項，它僅僅描述了軸線和變數。它所敘述的，就是視覺圖表其他地方所呈現的，因此它所做的還不足夠。D選項很誘人，因為它邀請看圖表的人用他們所看到的東西來回答問題，而大家看見的，同樣也會是異常值。它告訴了我們什麼？美國是不同的，而且這不是件好事。在這個例子中，這個選項感覺稍微太開放式了，雖然當視覺圖表上的答案非常清晰時，疑問句的標題有時會很有效。事實上，對我而言，雖然我最後還是選擇B，但我並不認為D在這題是「錯誤」的選項。

6. 這些線條使這張圖表變得相當不清楚。首先，它們造成了太多的視線來回奔波。將視覺圖的元素與標籤連結，需要一些引導，而且還不是直接引導。想跟著這些指示線彎來繞去，是件費力的事情。此外，什麼都沒有對齊，標籤也隨意散落在與圖表不同距離之處。群組標籤是這張圖裡最讓人費解的選項，它們創造了多餘的線條，距離視覺圖表又很遙遠，而且還是多餘的。我們已經利用顏色建了群組。根本不需要再次標示了。

7. 答案：A。在這個光譜圖上，我們希望用色符合慣例。因為我們把紅色與熱度和負面情緒連結在一起，所以當憤怒程度增加時，增加紅色的強度是合理的。當並置的顏色是綠色時，這個效果更加成立，因為綠色象徵安全和正面情緒。這些慣例使 C 成為一個糟糕的選項。地圖的深紅區域，不會立刻傳達「快樂的顧客」這種概念。至於 B 選項的灰色漸層雖然不錯，但它是線性的。它並沒有傳達快樂與難過的比較，只顯示了憤怒這個變數的不同程度。

8. 顏色。試著想像這個圖表的圖例，有二十多個變數要處理。另一種製作圖例的方法就是標記每個點，但這樣會在視覺圖空間中形成一片雜亂無章的標籤大海。處理本圖表顏色最好的方法，就是找到能大幅降低用色數量的變數邏輯分組方式。

9. 在圖表中標示對齊點，是找出視覺混亂並加以消除的良好練習方式。確認你為各種元素找出水平和垂直的對齊點。在這張圖裡，我找到了十個對齊點。這數量太多了。也請注意敘述文字是如何在格線間浮動，格線是對齊材料的自然位置。這張圖表已經有兩個可用來對齊的軸線，在添加元素時，請在最少的對齊點上，將最多的元素對齊。

童年時期家庭所得與成年後所得比較

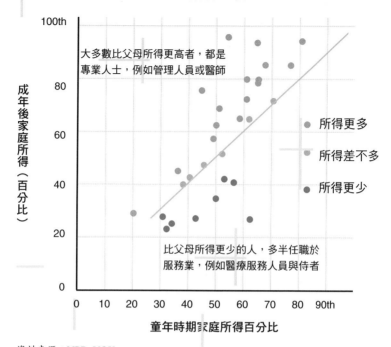

大多數比父母所得更高者，都是
專業人士，例如管理人員或醫師

成年後家庭所得（百分比）

所得更多

所得差不多

所得更少

比父母所得更少的人，多半任職於
服務業，例如醫療服務人員與侍者

童年時期家庭所得百分比

資料來源：NPR, VOX

10. 我對敘述文字旁延伸出來的指示線並不是很滿意，它們很長，甚至跨過了線性斜率線，這會造成視線的來回奔波，但我保留下來是因為一個圖例加上敘述文字會更破壞這張圖表。不過，我發現敘述文字的顏色也許就足以建立關聯性，根本不需要指示線。為了弱化指示線，我刪除了 x 軸的一些格線。敘述文字在此處有雙重作用，既說明了想法，又擔任了圖例。在文字上使用顏色，讓我省下了一個圖例元素，還避免了重複使用文字。其他一切都是向左對齊的。這個版本顯示了對齊的威力，我增加了一個敘述文字與三個指示線，但整體感覺卻更加清楚。

誰比他們的父母賺更多？誰又更差？

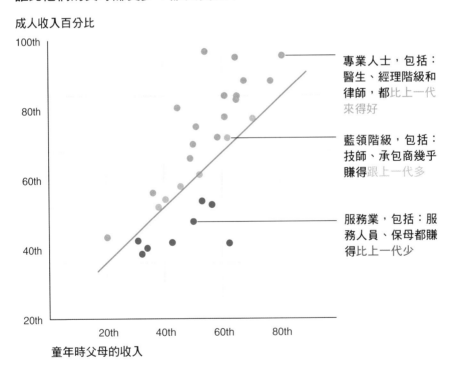

資料來源：NPR, VOX

圖表要簡單但不能簡化

全球房價與所得

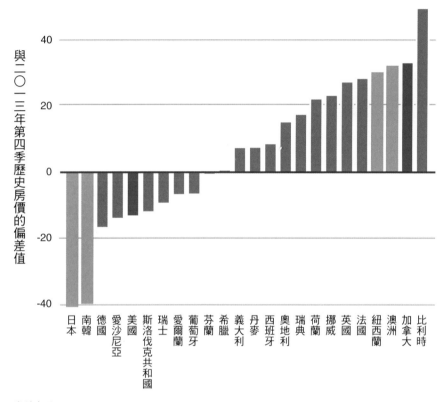

資料來源：SOURCE: OECD AND IMF CALCULATIONS

　　多數人以為，一張有足夠留白、文字少，設計又清晰的圖表，就代表一目了然，但卻可能不是如此。一般而言，簡單確實能變得清晰，但有時少就只是少。當觀眾被迫要停下來思考圖表到底要傳達什麼，簡單就沒意義了。如果觀眾必須詢問圖表中沒有的資訊，

那這張圖表可能就是過於簡單了。遺漏或混淆的標籤、沒有解釋卻吸引目光的視覺元素、巧妙但遲鈍的標題，這些都是看似簡單，卻可能出錯的方式，這張圖表中就有這些錯誤。我們來修改一下吧。

1. 找出導致本圖表不夠清晰的四個元素。
2. 根據下列文字的內容，重新繪圖：

　　a. Y 軸代表的是 2013 年第四季房價與收入歷史平均比例的離散度百分比。
　　b. 與歷史平均值的大幅正離散度，表示市場可能有泡沫出現。

製圖區

討論區

　　這個圖看似簡單，實則模糊。圖表的布局清爽，用色自制，但我們就是沒有足夠的資訊，了解這張圖表究竟想告訴我們什麼。圖表最終會這麼簡單卻不清楚，往往是因為兩種原因，製圖者雖然努力想要完善設計出簡單的圖表，但做得不好；還有以為觀眾掌握所有資訊。的確，這張圖表對於長期分析房屋資料的人來說，可能完全能夠理解，但展示者最後必須向對這個主題不太熟悉的觀眾，仔細說明這張圖表。

1. **Y 軸上的數值不夠清楚。**是什麼的 40 和 –40？偏離了什麼的歷史？限制標籤字數是好事，但限制到無法得知數值的意義，就不好了。

   長條圖的顏色不同，但無法立即得知為何如此處理。如果我們研究一下，或許會明白，它們代表不同地區，但在圖表上的呈現，還沒有清楚到讓我們停下來思考這一點。

   視線會不停對應連結長條和標籤，如果考量圖表的寬度和標籤的方位，在不靠滑動手指協助的情況下，將很難順利完成連結。這也使得將顏色與區域連結的任務變得更困難。

   標題提到房價和所得，但我們在圖表都看不到這些資訊。標題應該反映大家看到的想法，或者你想討論的觀點。當標題僅僅敘述圖表結構時，它們是中性無感的。而當標題提及我們甚至無法在圖表找到的變數時，這些標題就完全讓人混淆了。

2. 如果我們沒有提供新的內容，這就是個不可能的挑戰。一旦
   你獲得了額外的資訊，就可以在不大幅改變結構的情況下進
   行調整。我大部分的調整都集中在文字上，在這個例子中，
   多一些文字就可以完成很多事情。首先，我讓 y 軸的標籤更
   加明確，長條代表與正常值的偏差。現在很明確了，軸線指
   的就是百分比。這是一個相當長的軸線標籤，但我想不出讓
   它更清晰的方法。

房價與所得比率再度出現異常
這個關鍵指標在房價危機出現時便會降至低點。在其他市場，它則會衝高，象
徵另一個可能的房市泡沫。

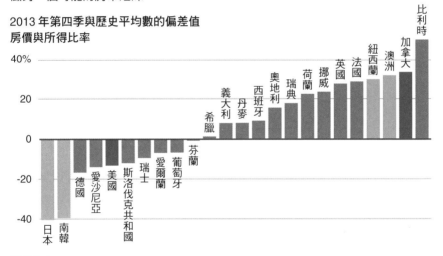

2013 年第四季與歷史平均數的偏差值
房價與所得比率

資料來源：OECD AND IMF CALCULATIONS

同樣地，我將標題改得更有助於理解。它提到了關鍵字「房價與所得的比率」，並對其進行了評論，這個評論我們可以從圖表中得證。我還添加了一個副標題，以便為後續討論提供更多內容。事實上，如果你需要重點提示簡報時會說的內容，那麼副標題是個不錯的方法。正如本例所做的，用一兩句話展現價值的內容，不是因為有趣，而是因為雖然有些國家仍在從房地產泡沫中復甦，但其他國家似乎正在走向另一個泡沫。這實在太不正常了！

　　我一般主張在圖表上使用較少的文字，但這張圖表實在過於簡單，加上不改變圖表形式的前提，因此需要更多文字。這個版本新增了一些文字，但感覺並不複雜。部分原因是因為文字向左對齊，以及標籤都是水平列出，並且貼在長條上。原始圖表中，側著書寫的文字與難以將標籤與長條連結，是最讓我感到沮喪的兩個因素。房價和國家之間的連結現在清晰多了，所以我決定保留顏色分組。在這張圖表中不難挑出北美國家、歐洲國家，以及其它。但我在這裡還是遲疑了一下，移除那些顏色也不是個壞選擇。

　　最後一點，你可能沒有注意，但這張圖表比原來的更寬。我故意這樣處理，是為了創造呼吸的空間。在某些方面，緊密堆擠的細高長條，在視覺上更有動態感，但它們會對標籤造成問題。當我決定需要更多文字時，我認為更多的水平空間能防止這些文字變成淹沒視覺圖表的文字區塊。這很微妙，卻讓圖表變得很清楚。

圖表最常見的錯誤

兩週以上的全店促銷與營業額

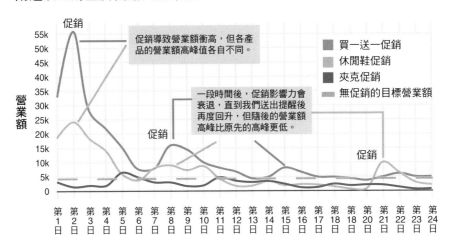

我真希望這樣的圖表沒有這麼常見。它似乎特別常出現在同時要展現數據和資料進行分析的時候。所以在表達重點時，製表人員頓時對失去了信心，用文字和標記填滿圖表，看似指引觀眾的視線，才能看見分析內容。不幸的是，這張圖表所有的文字和標記破壞了清晰感。我們不知道該看圖還是該閱讀文字，而且有這麼多地方需要聚焦，更讓人不清楚該從哪裡開始。我們開始動手吧。

1. 指出至少兩個重複的地方，並說明你將如何消除它們。
2. 指出至少三個讓這張圖表不夠清楚的元素。
3. 畫出一張仍然聚焦於三個變數，但更清楚的圖表。假設 y 軸

代表金額，而促銷計畫日程如下所示：

第 1 日　　　　原本的促銷方案

第 5 日　　　　發出第一封追加提醒促銷電子郵件

第 14 日　　　發出第二封追加提醒促銷電子郵件

第 20 日　　　發出最後機會提醒電子郵件

4. 畫一張明顯聚焦於比較球鞋與夾克促銷結果的報表。

5. 畫一張顯示「高價值」促銷期與「高成本」促銷期比較的報
   表（假設你的分析顯示，促銷活動在十二天後，便不符合成
   本效益）。

製圖區

討論區

　　太多內容和重複資訊讓這張圖表明顯過度製作了。圖表中含有不是實際數據的視覺元素，又有趨勢線搶奪注意力，這讓觀眾很難知道該聚焦在何處。重複的資訊也無法聚焦。重複資訊不是一件好事，但可能有教育意義。為了確保觀眾明白，我們會將這些資訊繪製圖表、製作標籤、指向它、給它增添顏色，並加上文字說明。如果你能找出重複的資訊，就表示你已經找到了想要強調的主張，你只需要用其它不會製造混亂與混淆的方式，把它們突顯出來就好。

1. **X 軸標籤**。重複「日」這個字二十四次，會把頁面塞得太滿，而且當日數變成二位數時，會很難看出哪一天究竟連接到哪一條垂直格線。此外，軸線本身已經告訴我們一到二十四的數值了。問問自己，讓觀眾讀取每日的數值是否必要。如果不是，而且假設只有發出促銷電子郵件的那幾日才是重要的，就可以把大部分標籤全部去掉。

　　促銷造成「業績上揚」的文字說明。文字說明框描述了我們在線圖中看到的內容，也指向了它們所描述的內容、其他說明標籤在哪裡。所以我們展示了一個業績上揚的高峰、討論了一個高峰、指向了這個高峰，還標記了這個高峰。這個高峰看來很重要，但在它周遭的資訊太多，讓它變得很難使用。我究竟該看著圖表？還是該讀取文字說明？或者該從標籤開始？我應該從哪個指示線開始看？過多的重複訊息，讓這張圖表無法被清楚閱讀。

標題。這個標題描述了圖表的結構，也就是沿著趨勢線的點構成的商店促銷，和由 x 軸代表日數所描述，超過兩週時間中，由 y 軸所說明的銷售。要記住，讀者通常不會從標題往下看，而是從視覺圖的圖像區域開始，然後使用標題作為「確認提示」，來檢查他們認為自己看到的，是否就是要展示給他們看的。請使用你的標題去描述圖表的主要思想，而不是它的結構。

2. **Y 軸**。它需要更多資訊。這是美元嗎？還是單位？究竟是什麼？

格線。它們的重量感和數字分散了對趨勢線的注意。當你希望觀眾能夠隨處沿著 x 軸與 y 軸，對應出數值時，格線是最有用的。換言之，如果趨勢線上某些特定點很重要，那麼格線就有幫助。問問自己 x 軸上有幾個點，要從 y 軸對應過來，每週一個？還是每天一個？如果數個單獨的點比整體趨勢更重要，那麼趨勢線可能不是正確的形式。也許點狀分布圖或表格會更有用。如果趨勢線是最重要的，那麼格線可以移除，順便帶走它們製造的視覺雜訊。

顏色。趨勢線的配色方案沒有問題，但頁面上增添的顏色卻造成混淆。目標銷售線厚重的綠色讓它過於突出，那些線段更讓本已忙碌的格線看來更加紛亂。這只是次要資訊，僅供參考而已。使用淡灰色會更恰當。深灰色的文字說明框吸引了我們的目光，所以我們在觀看圖表和閱讀文字之間來回掙扎。它們也增添了整個圖表的厚重感。

指示線。儘管它們將文字說明與描述的業績高峰連接起來，但它們卻與線條交叉，而且使用顏色更製造了混淆。各種不同的形狀和角度也降低了清晰感，造成不必要的視線移動。

對齊。這張表格完全沒有對齊。標籤四處浮動，說明文字偏斜置放，圖例也自成一格。諸多獨特的切入內容，影響了清晰度。

3. 這張圖表（見下頁圖）在未刪減任何關鍵資訊的情況下，在清晰度上取得了重大的進步。令人驚訝的是，大部分新產生的清晰感其實就來自刪除一些元素，和對齊其他元素。我刪除了宣傳日以外的所有格線。是的，這創造了一個更乾淨的外觀，但更重要的是，它幫助我們看到重點故事。現在這兩條垂直線之間的距離，代表了促銷電子郵件的生命週期。我們立即看到每一個高峰，以及它如何隨著時間推移減弱，直到下一次促銷。文字說明被一個副標題替換，這個副標題只有十五個字，但提供了相同的資訊，沒有指示線，也沒有深灰色的框。標題和副標題則是再次確認提示，提醒觀眾他們剛才在圖表中所看見的東西。

   對齊沿著兩個垂直處發生，分別是 y 軸與圖例。業績目標線現在安靜許多，它只是一個參考點，而不是主要視覺內容。

店內促銷的長尾週期
電子郵件可增加銷售量，但逐次遞減

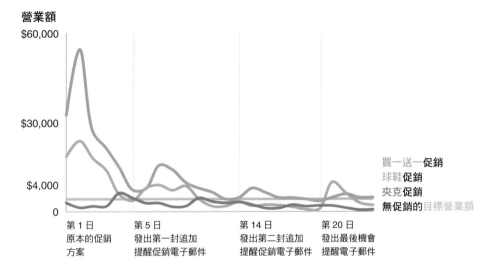

營業額

$60,000

$30,000

$4,000

0

買一送一**促銷**
球鞋**促銷**
夾克**促銷**
無促銷的目標營業額

第 1 日
原本的促銷
方案

第 5 日
發出第一封追加
提醒促銷電子郵件

第 14 日
發出第二封追加
提醒促銷電子郵件

第 20 日
發出最後機會
提醒電子郵件

4. 一旦提高了圖表的清晰度，通常就能找到許多方式來創造主題的變化。在本例中，我使用了與上一個挑戰中相同的技術，但是我也把焦點「拉近」。Y 軸的數值範圍僅到三萬美元。我本來可以把橙色的買一送一線圖從原始圖表中去掉，但那會讓一半的垂直空間變成空白。使 y 軸的數值變成原來的一半，讓圖表中兩點之間的變化倍增，這樣就讓曲線更加明顯。對於這個比較圖表來說，這是有用的。看看上一張圖表上的藍線和粉紅線，和這張圖表相較起來有多平坦。

我想提醒一點，將這張圖表與前一張並置，並不是一個好主意。這會造成混淆，因為觀眾會想去比較這兩張圖表。第二張圖表中的藍線看起來很像第一張圖表中的橙色線，儘管它

代表的變化值其實小得多。所以要給每張圖表自己的空間。
不要將不同標準的數值做比較。

促銷比較結果，球鞋的表現比夾克好

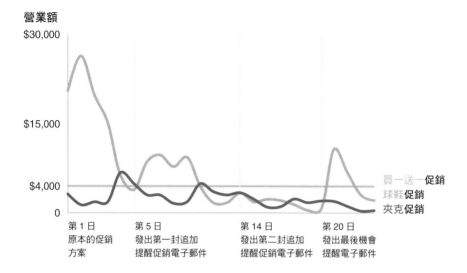

營業額

$30,000

$15,000

$4,000

0

| 第 1 日
原本的促銷
方案 | 第 5 日
發出第一封追加
提醒促銷電子郵件 | 第 14 日
發出第二封追加
提醒促銷電子郵件 | 第 20 日
發出最後機會
提醒電子郵件 |

買一送一促銷
球鞋促銷
夾克促銷

5. 此處又是一個原始主題的變化，這一張圖表是根據分析劃分了空間。標籤讓整個描繪變得清楚。我刪除了昂貴時間的促銷標籤，同時新增了一個第十二日的數值，當作圖中兩個地區之間的分隔。這並不必要，我只是認為它強調了在有價值的時間之後，所發生的任何事情都應該淡化處理。我也利用顏色的淡化，淡化了低價值的時間，藉此告訴觀眾這不是他們該聚焦的地方。標題則很有權威的敘述了主張。

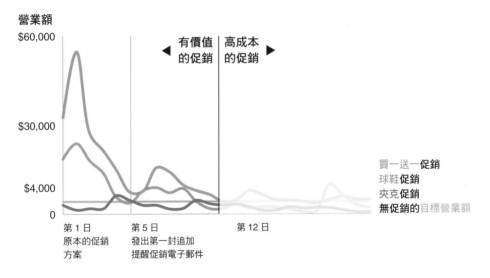

店內促銷是有用的，並且能持續 12 天

複雜圖表只要一個觀點

　　熱度圖（heat map）的優點也正是它的缺點。它顯示差異時依賴的是顏色，而不是更典型的使用大小或距離來顯示。這點很強大，因為它用類似的顏色來創造區域，形成了「熱點」，或者有時會形成「冷點」，而這些熱點能在區域或群集關係上，告訴我們一些其他圖表格式無法表達的資訊。它可能是少數即使你產生誤差，都還能維持清楚的圖表類型。

　　然而，顏色漸層並不容易正確表達。一般來說，要看出顏色間有意義的差異，比剖析空間關係更加困難。而且由於它們經常包含大量資料，所以熱度圖必須有良好的組織架構，才能清楚呈現。當它們製作良好時，就像在唱歌一樣動聽。但如果執行欠佳，看起來會太隨意，就像這張圖表。這些顏色確實多彩多姿且引人注目，卻很難從這個拼貼結果中看出意義。我們開始動手吧。

1. 描述這張視覺圖的軸線是如何組織的，並指出至少兩種組織它們的替代方法。
2. 使用不同的組織原則，繪製本圖表的新版本。
3. 描述這張熱度圖的整體配色方案。
4. 使用不同的配色方案繪製本圖表的新版本，以提高清晰度。

15 個商業職務中需求度高的技能

根據於 2014 年 9 月至 2015 年 8 月間所蒐集的兩千五百萬份職缺統計，某些技能比其它技能重要得多。

職業領域

技能

技能	整體	辦事員及行政	客戶支援	設計、媒體與文書	工程	財務	醫療	接待、食宿與差旅	人力資源	資訊技術	管理及營運	製造生產	市場及公關	私人照顧與服務	研究、企劃與分析	業務
分析技能	22	31	28	29	27	16	32	36	23	18	22	21	21	36	12	31
雙語能力	23	23	14	23	34	20	17	24	22	39	29	25	31	23	36	24
打造有效的關係	12	15	11	19	17	11	11	6	9	9		18	13	3	13	5
溝通技能	1	1	2	2	1	1	1	1	1	1	1	1	1	1	1	1
電腦與打字技能	9	5	4	17	10	10	4	8	12	24	14	7	17	9	16	8
創意	19	30	26	3	22	27	22	20	16	14	17	26	7		21	22	20
批判性思考	27	36	36	34	39	29	13	45	38	29	38	38	35	37	28	39
客戶服務	4	8	1	15	12	7	9		3	11	9	11	14	5	11	2
注重細節	11	7	7		6	11	6	14	9	11	13	9	10	9	10	12
領導統御	17	33	23	21	15	26		18	14	24	12	17	20	17	17	17
用心聆聽	26	34	16	31	37	24	20	22	32	34	29	33	6		33	23
數學	18	22	15	27	13	18	35	7		35	20	10	32	15	18	16
如期完成工作	24	19	27	8	28	19	31	28	19	25	26	22	18	25	20	29
Excel 試算表	5	2	9	9	8	2	16		13	10	9		5		9	9
Word 文書處理暨 Office 商業整合軟體	6	4	8	7	5	5	10	13	4	8	5	9	15	7	6
多工	15	9	12	10	14	15	18	15	16	14	13
組織技能	2	3	3	4	3	3	2	2	3	2	2	2	2	2	3
企劃	8	14	18	13	7	12	5	10	10	5	4	8	4	5	11
正面傾向	28	29	22	24	36	32	28	17	33	37	40	28	28	11	41	25
簡報技能	20	35	21	16	23	22	23	32	17	16	27	14	31	15	15
解決問題	7	12	6	10	6	8	7	12	7	6	10	5	7
專案管理	13	24	24	11	4	17	19	37	14	6	5	8	29	9	22
研究	10	10	12	5	9	9	6	21	8	7	13	6	12	6	18
主動工作	25	27	29	20	24	25	38	34	25	22	28	24	19	30	23	21
管理技能	14	18	20	25	14	8	5	18	26	10	11	8	26	14
協力合作	21	20	19	18	21	23	19	21	19	19
時間管理	16	16	13	14	26	15	19	15	20	20	14	19	10
專業報告撰寫	3	6	5	1	2	4	3	4	5	2	3	3	3	4	4	4

資料來源："THE HUMAN FACTOR," BY BURNING GLASS TECHNOLOGIES, NOVEMBER 2015

製圖區

討論區

　　這張圖表的亂有其原因。資訊的組織是有系統的，而顏色是用來區分排名的。圖表中算是有熱點和冷點，但想找出它們得費些功夫。看起來雜亂無章的感覺，是因為整理資訊時太過隨意。這張圖表有條理，但還不夠清楚。為了提高清晰度，你要先了解它是如何整理的，然後找出一組新的組織原則。

1. X 軸除了第一行外，都是按職業領域的字母順序排列，而第一行則代表每項技能的整體排名，有可能是所有其他職業領域的平均值。這種方式是有道理的。把「整體」放在構成整體分數的不同工作之中，看來會有些奇怪。我們已經習慣了將最終分數放在最前面或最後面。

X 軸的第一種替代分組方式，按工作類型劃分，例如醫療、財務、製造，以及管理等。用這種方式分組可以顯示需求度高或低的技能，是否在職務領域中產生群集狀態。

X 軸的第二種替代分組方式，按薪資中位數排列。如果我們將這些職業，從最高到最低的中位數薪資排序，就能看到需求度高與低的技能，如何圍繞著高薪資與低薪資工作產生群集狀態。

兩者都是有效的分組方式，但說服力都不足以讓我想採用。工作類型已經相當廣泛，創造更廣泛的分組似乎沒必要，而且可能也不會增加清晰度。薪資中位數聽來是個好主意，但我們舉個例子，資訊技術領域的薪資範圍非常非常大，而各

職業領域的中位數薪資可能沒有那麼大的差別。在我想清楚以後，我可能就不變動它。

Y 軸也是按技能的字母順序排列。這讓人覺得太過隨意，而且是有問題的。這些技能相當具體，足以用比這個更有目的性的方式來分組。

第一種替代分組方式，按技能類型分組。技能可以分為「領導」、「技術」、「知識」與「協作」等不同類型。如果熱點出現在某些群集中，我們就能立即發現，某些類別的技能是否較其他技能更有價值。

第二種替代分組方式，按照排名。這種方式簡直明顯得不容忽視。這份技能清單可以從總排名第一名，一路下降到總排名第二十八名。這可以確保熱點會在頂部，而冷點則在底部。然後我們就有一張圖表，可以輕易從「需求度很高的技能」橫越到「比較沒價值的技能」。

2. 用整體排名來組織技能這個方法的吸引力，實在讓人無法抗拒，所以我還是選擇了這個方法（見 P92 圖）。而它帶來的好處也立即可見。現在我們看到從熱門到冷門的技能排列，而且可以透過在灰色群中的彩色塊，以及在彩色群中的灰色塊，找出異常數值。我沒有改變 x 軸，因為其他排列資訊的方法都沒有足夠的說服力。這看來像是原始作品的改進，但顏色仍然是個問題。

3. 原始圖表中看似隨意的顏色，其實是精心策劃的。以技能排序時，我們就能發現，排名一至二名是黃色，三至四名是橙色，五至六名為紅色，七至八名則為紫色，九到十名為藍色。在第十名之後，隨著排名下降，灰色也逐漸變淡。這是審慎配色方案的合理嘗試，但卻沒有奏效。首先，紅色比橙色與黃色更加突出，也就是更「熱門」，但在本圖中它卻代表著較低的排名。此外，由於藍色與選用顏色中其他紅色系的顏色明顯有差異，使得它儘管代表前十名中的最後兩名，卻仍然很吸睛。

15 個商業職務中需求最高的技能

於 2014 年 9 月至 2015 年 8 月間所蒐集的兩千五百萬份職缺統計結果。

依整體排名的技能

職業領域

技能	整體	辦事員及行政	客戶支援	設計、媒體與文書	工程	財務	醫療	接待、食宿與差旅	人力資源	資訊技術	管理及營運	製造生產	市場及公關	私人照顧與服務	研究、企劃與分析	業務
溝通技能	1	1	2	2	1	1	1	1	1	1	1	1	1	1	1	1
組織技能	2	3	3	4	3	3	2	2	2	2	2	2	2	2	2	3
專業報告撰寫	3	6	5	1	2	4	3	4	5	2	3	3	3	4	4	4
客戶服務	4	8	1	15	12	7	9	3	11	9	11	14	12	5	11	2
Excel 試算表	5	2	9	9	8	2	12	16	3	10	6	6	5	16	3	9
Word 文書處理暨 Office 商業整合軟體	6	4	8	7	5	11	5	10	13	4	8	8	9	15	7	6
解決問題	7	12	6	10	6	8	7	12	9	7	10	17	15	10	5	7
企劃	8	14	18	13	7	12	5	10	10	4	8	4	8	7	8	11
電腦與打字技能	9	5	4	17	10	10	4	8	12	24	14	7	17	9	16	8
研究	10	10	12	5	9	9	6	21	8	7	12	13	6	12	6	18
注重細節	11	7	7	6	11	6	14	9	6	11	9	9	8	10	14	12
打造有效的關係	12	15	11	19	11	7	6	9	17	18	13	3	13	5	13	5
專案管理	13	24	24	11	4	17	19	37	14	6	5	12	8	29	9	22
管理技能	14	18	20	25	14	14	8	5	18	26	10	11	23	8	26	14
多工	15	9	10	12	19	13	13	13	18	15	15	18	14	13	14	13
時間管理	16	16	13	14	26	15	19	15	21	19	20	20	14	19	14	10
領導統御	17	33	23	21	15	26	18	14	24	21	17	22	17	17	22	17
數學	18	22	15	27	13	18	25	7	35	20	31	10	32	16	16	16
創意	19	30	26	3	22	27	22	20	16	14	17	26	7	21	22	20
簡報技能	20	35	21	16	22	23	23	32	17	16	16	27	14	31	15	15
協力合作	21	20	19	18	21	23	21	15	21	21	21	19	21	19	21	19
分析技能	22	31	28	29	27	16	36	23	18	21	21	36	12	31	36	31
雙語能力	23	23	14	23	34	20	17	24	22	39	22	25	31	23	36	24
如期完成工作	24	19	27	8	28	19	31	28	19	25	26	22	18	25	20	29
主動工作	25	27	29	20	24	25	38	34	21	28	24	19	30	23	21	21
用心聆聽	26	34	16	31	37	24	20	22	32	34	29	33	6	33	23	23
批判性思考	27	36	36	34	39	29	13	45	39	38	38	35	37	28	39	39
正面傾向	28	29	22	24	36	32	28	17	33	37	40	28	28	11	41	25

資料來源："THE HUMAN FACTOR," BY BURNING GLASS TECHNOLOGIES, NOVEMBER 2015

4. 兩個關鍵變化讓這張熱度圖（見 P95 圖）更加清晰。首先，前十名的技能都以藍色顯示，色彩飽和度則隨著分數下降降低。由於技能評估是一個整體，所以沒有必要使用高對比的顏色來進行排名。九分和四分的差別，並沒有大到一個需要使用橙色，而另一個則需要使用藍色。我使用單一顏色創造了單一的「熱度」來源，那就是藍色，深藍色代表「較熱」的點，或是更高的排名。你可能會說藍色象徵「涼爽」，所以或許不是這張圖表單一顏色的最佳選擇。這個批評很公平。在此處，藍色並不與任何東西相對，這個排名也並不特別暗示某種「熱度」，而是與排名高下有關，所以我對使用藍色沒有異議。但如果你選擇使用紅色或橙色，我也能理解。

第二，我反轉了灰色的使用，讓它從亮到暗，而不是從暗到亮。這個圖表還有一個沒有顯示在這裡的版本，那個版本的灰色沒有反轉，結果讓排名第十名所使用的淺藍色，和排名第十一名的深灰色之間，形成了對比。對我來說，從淺藍色進展到淺灰色，似乎更有意義。在這個版本中，當我們看整體排名時，可以看見一個自然的漸層效果，深色在兩個極端，而淺色則放在中間。

我還做了兩個沒有出現在最終版本裡的小幅調整，當作額外的福利，這兩個小幅調整也改進了這張熱度圖的清晰度。我將「整體」列與其他列分開，因此它現在被當成技能標籤的一部份，就像一個內嵌的圖例。從比喻上來說，將它與其他類別分開來，也比較合理，因為它包含了其他類別。我還在

前十名技能與其他技能間，製造了一些空間。要考慮所有二十八項技能，實在有點讓人無法應付。藉由將它們劃分開來，我實際上創造了兩張圖表，「最重要的技能」和「其他技能」。這個效果很微妙，但這些許的空白區域，確實有很大的幫助。

15 個商業職務最需要的技能

溝通毫無意外地非常重要，但協力
合作則意外地未能擠入前 20 名。

	整體	辦事員及行政	客戶支援	設計、媒體與文書	工程	財務	醫療	接待、食宿與差旅	人力資源	資訊技術	管理及營運	製造生產	市場及公關	私人照顧與服務	研究、企劃與分析	業務
溝通技能	1	1	2	2	1	1	1	1	1	1	1	1	1	1	1	1
組織技能	2	3	3	4	3	3	2	2	2	2	2	2	2	2	2	3
專業報告撰寫	3	6	5	1	2	4	3	4	5	2	3	3	3	4	4	4
客戶服務	4	8	1	15	12	7	9	3	11	9	11	14	12	5	11	2
Excel 試算表	5	2	9	9	8	2	12	16	3	10	6	6	6	16	3	9
Word 文書處理暨 Office 商業整合軟體	6	4	8	7	5	5	5	10	13	4	8	8	5	9	7	6
解決問題	7	12	6	10	6	8	7	7	4	7	4	11	10	5	7	7
企劃	8	14	18	13	7	12	5	10	10	5	4	8	4	7	8	11
電腦與打字技能	9	5	4	17	10	10	4	8	12	24	14	7	17	6	16	8
研究	10	10	12	5	9	9	6	21	8	7	12	9	6	12	6	18
注重細節	11	7	7	6	11	6	14	9	6	11	13	9	10	19	10	12
打造有效的關係	12	15	11	19	17	11	11	6	9	15	9	18	13	3	13	5
專案管理	13	24	24	11	4	17	19	37	14	6	5	12	8	29	9	22
管理技能	14	18	20	25	14	14	8	5	18	18	10	11	23	8	26	14
多工	15	9	10	12	19	14	15	11	13	13	16	16	8	14	13	13
時間管理	16	16	8	16	14	26	16	15	9	15	20	20	14	20	16	10
領導統御	17	33	23	21	15	26	18	14	24	12	9	17	22	17	17	17
數學	18	22	15	27	13	18	25	7	35	20	31	10	32	13	18	16
創意	19	30	26	3	22	27	22	20	16	14	17	26	7	21	22	20
簡報技能	20	35	21	18	16	23	23	32	17	16	16	27	14	31	15	15
協力合作	21	20	19	22	21	13	20	13	14	21	13	23	21	9	26	27
分析技能	22	31	28	29	21	16	32	36	23	18	22	21	21	36	12	31
雙語能力	23	23	14	23	34	20	17	24	22	39	29	25	31	23	36	24
如期完成工作	24	19	27	8	28	19	31	28	19	25	26	22	18	25	20	29
主動工作	25	27	29	20	24	25	38	34	25	22	24	19	30	23	21	21
用心聆聽	26	34	16	31	37	24	20	22	32	32	24	29	33	6	33	23
批判性思考	27	36	36	34	39	29	13	45	38	29	38	38	35	37	28	39
正面傾向	28	29	22	24	36	32	28	17	33	37	40	28	28	11	41	25

第三章

優化祕訣三
正確選擇圖表型態

我可以使用圓形圖嗎？

——匿名的研討會參與者

上一頁所引用的話是真的，它突顯了選擇圖表這件事，可以讓人多麼緊張。我們強調要做正確的選擇，因為我們生活在一個圖表在社交網路上可能引來評論甚至嘲笑的時代。

別管這些評論吧。這是破壞性而不是建設性的批評。儘管你確實該知道一些規則，並努力遵循，但大多數規則實際上只是慣例。當你要選擇使用哪種圖表時，結果應該要能夠驗證使用的方法。如果它清楚傳達了你的想法，那就使用它吧。

在下面的圖表中，有正確或錯誤的選擇嗎？

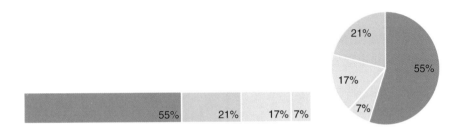

大致上來說，是沒有錯誤的。我們可以創造出上下文內容，讓其中一張圖表比另一張更適用，但如果重點是突顯兩個占比較大的區塊，那麼這兩張圖表**都算有效**。

在考慮使用哪種圖表時，試著遵循下面這些準則。

1 **了解基本的圖表類別**。開始選擇圖表最簡單的方法，就是理解你的意圖。你是想要：

- 做一個比較？
- 顯示分布？
- 顯示比例？
- 繪製圖表？
- 展示一個非統計的概念？

如果你知道答案，你就已經縮小了選擇範圍。舉例來說，如果你想顯示比例，那你就知道線圖並沒有幫助，但堆疊區域圖或堆疊長條圖卻有幫助。請參閱附錄 B 中的圖表選擇工具，以查看上面這些任務中最常使用哪些類型的圖表。使用這個圖解當作起點。你也可以嘗試其他沒有出現在附錄工具中的圖表類型。請記住，某些圖表類型可以達成多種目的。舉例來說，兩張相鄰的堆疊長條圖，可以進行等比例的比較。

2 **聽聽你是怎麼描述事物的**。找個人談談你的資料和想法。聽你自己說的話，並寫下一部分，因為你可能會說出一些描述了最適合你的資料的圖表類型的話。你可能聽到自己說：「個別年份資料不像年度趨勢這麼重要。」那麼你自己已經建議了使用顯示趨勢的線圖，而不是繪製每年數值的長條圖。或者你也可能會說：「在期望值和實際表現之間，存在巨大的差距。」這可能引導你嘗試一種可以真正顯示巨大差距的圖表類型，例如點狀分布圖。你會訝異的發現，你用來描述自己意圖的詞語，經常會讓你直接發現該用哪一種圖表類型。為了幫助你，我附上了一個詞彙表，整理了與這些處理方式有關的關鍵字相搭配的圖表類型。請參考附錄 C。

3 **依賴你最常用的工具。**在日常生活和製圖兩件事情上，聰明都被高估了。為了引人注意，我們有時會嘗試不尋常的圖表形式，例如力導向網絡圖（forced-directed network）或者沖積圖（alluvial）。它們在你的圖表工具箱裡有一席之地，但別太強行推銷它們。大多數資料圖表化的挑戰，都能使用三類圖表及其變體加以處理：

- 線圖（堆疊區域圖，斜率圖）
- 長條圖（堆疊長條圖，點狀分布圖）
- 散布圖（泡泡圖，柱狀圖）

當你要使用這三種以外的圖表時，務必確認你有充分的理由。請了解更專業與不尋常的圖表，會讓觀眾更費力才能理解。向他們解釋一下這些圖表的內容，或者製作一個簡單的原型，或許會有幫助。

4 **別忘了表格。**有時候一組資料中的所有個別資料，比趨勢線更重要，也比構成這些資料的元素重要。這種情況下，使用一張表格可能是最好的選擇。當視覺化沒有闡述任何比較大的資料點，而且如果要以視覺化圖表說明這種資料點，又太耗時，表格對一些相對較少的資料組合也很好用，例如在兩個類別的三個資料點。從某種角度而言，表格就是一種視覺化，它們利用可預見的部分水平和垂直空間，讓資料更容易理解。而且它們仍然是一個強大的工具。

5 額外專業提示：只使用一個軸線。我最喜歡的一種圖表類型，是不太常見的點狀分布圖。它在單一的軸線上做標記，這種圖表的一種變化，就是泡泡圖，也就是在單一軸線上置放大小不同的氣泡。點狀分布圖經常能有效地取代長條圖。當你繪製長條圖的主要目標，是在 y 軸上比較各變數的測量結果時，點狀分布圖可能會更容易達到效果。為什麼？因為我們不需要掃描水平空間，以找出兩個長條線之間的垂直差距。嘗試在下方的長條圖和點狀分布圖中，查看變數二與七之間的數值差異：

點狀分布圖可以更直接地讓人感覺差異感。你可以使用水平或者垂直軸線之一，而且它只占極小的空間。試試看吧。

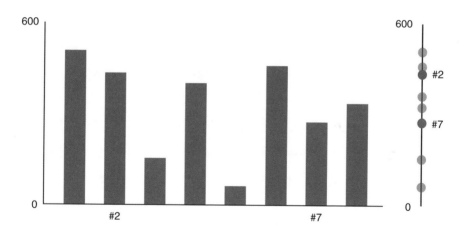

6 **再提一個重點：**好的作者也是很棒的讀者。同樣的，好的圖表製作者，也是很棒的圖表讀者。不妨從別人的視覺圖表中尋找靈感。有許多來源都可以提供無盡的例子。在推特上訂閱 #dataviz，或在 Reddit 網站上訂閱 r/dataisbeautiful。收藏例如《紐約時報》（*The New York Times*）的《結語》（*Upshot*）專欄與《經濟學人》（*The Economist*）的《圖表細節》（*Graphic Detail*）部落格專區。訂閱例如《最佳視覺敘事》（*Best in Visual Storytelling*）這類電子通訊期刊。在這些資料中挖掘你喜歡和不喜歡的東西。針對你看見的一些圖表，進行建設性的批評討論。我在《哈佛教你做出好圖表》書中，整理了如何做到這點的方法。針對其他人的視覺圖表，自行繪製替代版本。資料無處不在。盡情取得並使用吧。

選擇正確的圖表類型，其實比你想像的容易。不管你選擇哪種類型，專心於提出你的想法。如果效果不佳，就換一種圖表試試。不要有壓力。

接下來的挑戰旨在提高挑選圖表類型的技能。請專注於消除混淆和雜亂的方法，並在選擇每張圖表時，使用附上的提示。而且只在與選擇圖表類型議題相關時，才考慮顏色、標籤、標準慣例與其他考量事項。

圖表選擇練習

1. 將每種圖表的意圖，與能夠代表它的圖表格式進行匹配。請
   參閱附錄 A 的圖表類型詞彙表，以尋求幫助。

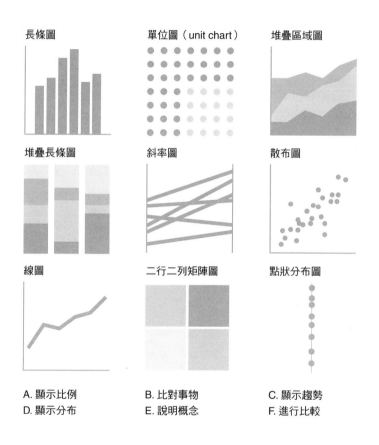

長條圖　　　　　單位圖（unit chart）　　　堆疊區域圖

堆疊長條圖　　　斜率圖　　　　　　　　　散布圖

線圖　　　　　　二行二列矩陣圖　　　　　點狀分布圖

A. 顯示比例　　　B. 比對事物　　　　C. 顯示趨勢
D. 顯示分布　　　E. 說明概念　　　　F. 進行比較

2. 在與同事討論你打算如何視覺化某些資料時，你說：「觀察
   各成分在任何時間點是如何組成總體，是很有意思的，但觀
   察總體如何隨時間變化，也同樣有意思。不斷變化的比例，

在發生了什麼事情這一點上，說明了許多事情。」

將這段敘述中的關鍵字眼標示出來，並挑選兩種可能展示出你描述的內容的圖表類型。

3. 你可以向董事會提出五分鐘的報告。為了顯示業務如何從一個收入組合，轉移到另一個收入組合，你可以使用兩張堆疊長條圖。但你在考慮使用一張沖積圖，因為它在視覺上很醒目，而你想讓董事們留下好印象。你該這麼做嗎？為什麼應該，又為什麼不應該？

4. 斜率圖將兩個點連接，形成一條線性趨勢線，並移除這兩點之間的所有資料。這些線圖中，何者較不適合轉換成斜率圖？為什麼？

A 俄羅斯的經濟表現與油價關係
起伏都依循一個可預期的模式

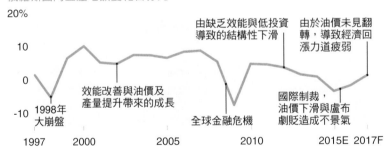

俄羅斯國內生產毛額變化百分比

E = 預估　F = 預測
資料來源：FRONTIER STRATEGY GROUP

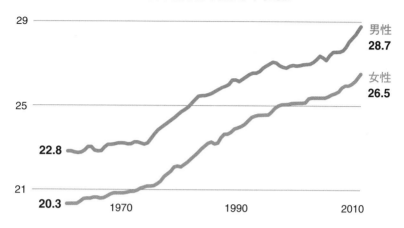

B 1960 至 2011 年，首次結婚年齡的中位數

男性
28.7

女性
26.5

22.8

20.3

5. 一名朋友請你幫忙將資料視覺化。她說：「我們想觀察人們賺多少錢和捐助多少錢之間，是否存在某種相關性。瞄了一眼資料，我就發現，有些人似乎把自己收入的較高比例捐給了慈善事業，但我不知道，他們是否只是少數特例，還是真有這麼一批人。」

將你聽到的這段話中，與視覺相關的單字標示出來，並指出你可能引導她使用的圖表類型。

6. 由數百筆資料形成的資料群組中，每筆資料都包含下列資訊：

● 姓名
● 部門
● 位置

- 主管姓名
- 直接下屬的姓名
- 直接下屬的位置
- 間接下屬的名稱
- 間接下屬的位置
- 間接下屬的主管
- 間接下屬所屬部門

根據這些資料建立管理結構的視覺圖表，你可能適合使用哪種類型的圖表？

7. 在向創投推你的案子時，你想展示你所謂的在市場中，產品與客戶如何取得產品之間的「巨大的鴻溝」。而你認為你的解決方案，就是連接客戶與產品的「橋梁」。以下哪一張草圖，可能是將你的價值主張視覺化的良好開頭？

A

B

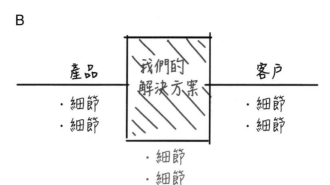

C

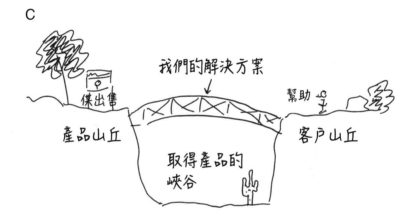

8. 一組簡單的資料，顯示了去年和今年在總公司和兩間衛星辦公室中，每名雇員參加會議的平均時數。你會如何展示這個資料？

9. 你想將足球員按照速度和力量兩個面向區分。每名足球員在每個面向上都會得到一個分數。哪種圖表類型能適當地將足球員彼此做出比較？

10.你想表達在過去一年間，你們工廠發生的工傷事故有多麼稀少，在一千名員工中只有四人受傷。哪種視覺化圖表能強有力地傳達這一點？

討論區

1. 答案如下放在每張圖表的下方。請參考附錄 A 的詞彙表，對此處的每類圖表及其他種類圖表有更詳細的說明。

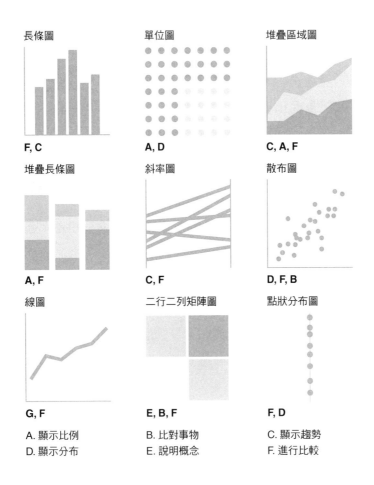

2.「觀察各成分在任何時間點是如何組成總體,是很有意思的,但觀察總體如何隨時間變化,也同樣有意思。不斷變化的比例,在發生了什麼事情這一點上,說明了許多事情。」

圖表類型一:**堆疊區域圖**。它結合各比例來顯示所有組成成分如何構成整體,以及一張長條圖隨時間經過的變化。

圖表類型二:**堆積長條圖系列圖表**。如果只有某些時間點重要,將一系列堆疊長條並排放置,就可以立即得到比對效果,而不必使用堆疊區域圖的連續時間軸。

3. 最好的答案是「視情況而定。」如果董事們懂得解讀沖積圖,那這可能是一個吸引人的選擇。但如果他們不會,那可能會造成更多混亂,得不償失。你最終只會浪費寶貴的時間解釋圖表,其實堆疊長條圖就可說明你的想法,畢竟你只有五分鐘。此外,與圓形圖一樣,變數越多時,沖積圖的各區塊就彼此扭曲糾結,變得複雜且無法判讀。所以要謹慎行事。

4. 答案:A。斜率圖完美地簡單,但它們卻存在隱藏了重要變化和細節的風險。在選項 B 這張首婚年齡圖表中,資料幾乎是線性的。簡化它並不至於違背改變的精髓。然而,對選項 A 而言,斜率圖模糊了最重要的變化。這是將油價圖轉換為斜率圖的結果,我們可以明顯看出這是使用失敗的例子。

A 俄羅斯的經濟表現與油價關係
起伏都依循一個可預期的模式

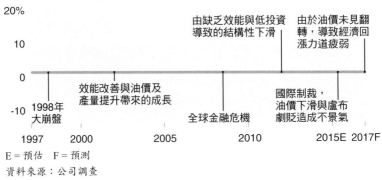

俄羅斯國內生產毛額變化百分比

由缺乏效能與低投資導致的結構性下滑

由於油價未見翻轉,導致經濟回漲力道疲弱

效能改善與油價及產量提升帶來的成長

1998年大崩盤

全球金融危機

國際制裁,油價下滑與盧布劇貶造成不景氣

E = 預估　F = 預測
資料來源:公司調查

B 1960 至 2011 年,首次結婚年齡的中位數

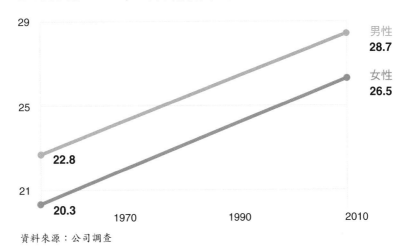

資料來源:公司調查

5. 我們想觀察人們賺多少錢和捐助多少錢之間,是否存在某種相關性。瞄了一眼資料,我就發現,有些人似乎把自己收入的較高比例捐給了慈善事業,但我不知道,他們是否只是少

數特例，還是真有這麼一批人。」

在這個例子中你可能該試試散布圖。你的朋友已經建議了兩個軸線，收入與捐款。藉著在圖表上放置許多點，你會創造出集中群體和異常離散值，如果點的散布整體而言是向上與向右移動，那就顯示出了相關性，也就是收入越高的人，也會捐更多。

另一種可以選擇的是點狀分布圖，而軸線則是捐款和收入的比率，一名收入為十萬美元，而捐一千美元的人，在軸線上的數值就是1%。而一名收入為十萬美元，而捐一萬二千美元的人，在軸線上的數值就是12%。以此類推。你仍然可以看到集中群體和異常離散值，但是如果有太多點要繪製，就會難以整理出集中群體的位置。

6. 本例子也許很適合使用網絡圖（network diagram）。網絡圖通常需要特殊軟體，以及額外設定和設計，免得它們變成諸多節點跟連結雜亂無章的老鼠窩網絡圖。但如果設計精良，網絡圖可以幫助整理複雜的網路，看出集中群體，以及釐清錯綜複雜的關係。在這個例子中，在節點上使用顏色來代表部門，並用空間來分開部門，將有助於突顯哪些部門與其他部門有關聯，而哪些部門又比較獨立。它也能暴露組織中的穀倉所在位置。

7. 答案：B。示意圖暴露了自己的挑戰與陷阱。如果沒有資料來控制視覺圖的範圍，我們可能變得很有創意，甚至經常太有創意，變成使用比喻來傳達想法。選項 C 就是如此，它就是一種過度設計，太直接使用比喻了。我們想要傳達的思想，將被比喻和過度精細的裝潢所吞沒。這看來或許很傻，但卻非常普遍。選項 A 的不足之處，是它混合了比喻。我們想傳達橋梁或連接的概念，而范恩圖（Venn diagram）傳達的是重疊或通用性，幾乎不是同一件事。B 顯然是最有希望的設計起點，它顯示了兩個領域之間的連結元素。

8. 試試使用表格。此處只有六個數據，又不需聚焦或比較資料組合的任何特定方面，表格是最快速且清楚的方法，表格可能會是這樣的：

	去年	今年
總公司	510	570
A 衛星辦公室	325	295
B 衛星辦公室	300	210

9. 這是一個使用二行二列矩陣圖很好的機會。最關鍵的是希望對球員進行分類和定位。一個二行二列矩陣圖，透過兩個軸線來創建區域，就是設計來供分類使用。這些數據點接著就繪製到各類別中。在美式足球球員被標示進來前，圖形看來大概是這樣的：

美式足球球員

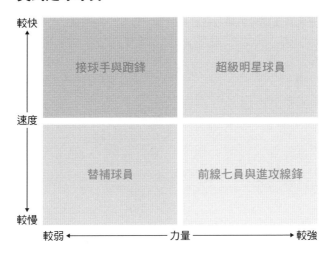

10. 本例子可能很適合使用單位圖。單位圖使用標記來表示一些
實際單位，通常以點來表示。舉例來說，一個點可能等於一
千美元，或者一百萬個組件，或者一個死亡個案。這種圖表
的好處是它幫助觀眾與實際資料個體，建立更緊密的聯繫。
這個單位代表了事物本身，而不只是一個統計數字。當統計
資料無法良好傳達觀念時，單位圖也會很有用。例如在本例
中，一千人中有四人受傷，比例為 0.1％。除了單位圖，這
個數值很難用視覺表現出來。現在我們不僅感受到 0.1％看
來究竟如何，還實際看到受傷個案，更重要的是，我們也看
見有多少員工沒有受傷：

我們卓越的安全紀錄

今年每千名員工的意外事故統計

圖表類型要跟著議題變化

學生如何聯繫註冊辦公室

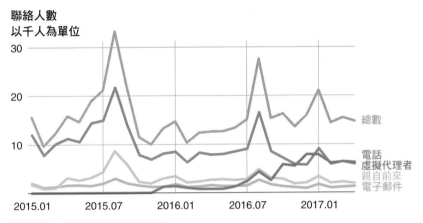

聯絡人數
以千人為單位

資料來源：MARK MCCONAHAY

在一個議題中管用的圖表類型，可能在另一個議題中沒那麼管用。這張圖表顯示學生如何與大學辦公室聯絡。但也許我們想看到趨勢線以外的事物。有時突顯想法的最好方法，並不是調整手邊的圖表，而是嘗試一張完全不同的圖表。即使像這種簡單的資料群組，也可以根據不同議題，做出不同類型的圖表以及變化圖表。本例子中的每個挑戰，都是請你根據對話片段，為上面的線圖繪製另一種圖表。在對話中標示與視覺圖表相關的單字和線索，以及查閱本書的附錄，可能會有幫助，在本書附錄中可以找到多種圖表類型，以及一個將視覺圖表相關單字與圖表類型匹配的矩陣。我們來動手修改吧。

1.「與註冊辦公室聯絡的總人數很重要，但對我來說，更重要的是看到，總數中每個類別的連絡人數。這樣就能知道，隨著時間經過，構成總人數的各類別人數成長與減少。」

2.「基本上我重視的是這段時間以來，有多少聯絡數量是透過數位化來進行。將數位化的兩個類別，與電話及親自來訪的類別相比較，看出趨勢如何發展，以及該在哪裡投入資源。」

3.「我們實際上只想讓他們看見，與註冊辦公室聯絡途徑的組合中，各途徑變化的情況而已。兩年前的情況如何？去年呢？今年呢？如果他們能看見這些時間點的組合，就會了解這個比例是如何變化的。」

4.「我認為我們只要提供數位聯絡方式與非數位聯絡方式的逐年變化，就足以指出數位聯絡方式在整體數量中，是迅速成長的。」

5.「我想看看趨勢線，但在季節性高峰影響下，它確實有點亂。若以更單純的觀察，它究竟是平直的，還是上升，或是下降？」

6.「分析資料時，我觀察到是不同的趨勢。電子郵件和親自前來這兩種途徑是持平的，所以重點在於與電話聯絡比較之

下，使用虛擬代理者的增加。如果把這兩種方式放在一起，就會讓大家看到，虛擬代理者這種新的聯絡方式正在迅速發展。」

製圖區

討論區

資料視覺化會阻礙我們思考該使用哪種圖表類型。資料視覺化形成的過程就是嘗試一、兩次不同的圖表類型，直到你找到有效的圖表。舉例來說，本例子的原始圖表，看來像是試算表或資料程式的標準輸出圖表。你可能認為沒有其他更能改善呈現這些資料的方法。

只要你超越這種點擊與視覺化的衝動，並好好從對話中挖掘，尋找製造與改良圖表的好方法的線索，你的圖表就會大幅改善。

1. 「與註冊辦公室聯絡的總人數很重要，但對我來說，更重要的是讓他們看到，總數中每個類別的連絡人數。這樣他們就能看到，隨著時間經過，構成總人數的各類別人數成長與減少。」

學生如何聯繫註冊辦公室

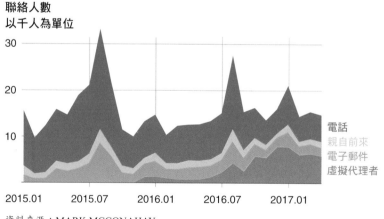

聯絡人數
以千人為單位

電話
親自前來
電子郵件
虛擬代理者

2015.01　　2015.07　　2016.01　　2016.07　　2017.01

資料來源：MARK MCCONAHAY

這段談話充滿了線索。內容談到由各部分類型構成整體,這指向比例圖表,我考慮了圓形圖與堆疊長條圖。但這兩種圖表都無法像堆疊區域圖那樣,掌握「隨著時間經過」的概念。與基本線圖相比,這個版本有一個優勢,我們不必將每個數值**個別**畫出來與其他數值比較,結果讓線條聚集與纏繞在一起,我們可以把每個數值跟其他數值一起畫出來,如此一來它們就各自分立,不會互相爭搶空間。

2. 「基本上我重視的是這段時間來,有多少聯絡數量是透過數位化來進行。將數位化的兩個類別,與電話與親自來訪的類別相比較,將讓我們知道趨勢如何發展,以及該在哪裡投入資源。」

學生轉向使用電子郵件與虛擬代理者與註冊辦公室聯絡

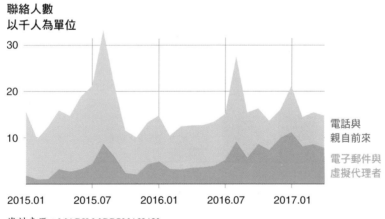

資料來源:MARK MCCONAHAY

這段時間有多少數量這些字眼,讓我再次直接想到使用堆疊區域圖,因為我們想看到**總數**。將不同的聯絡方式種類加以分組,是由上述對話決定的,其中數位化類別被視為重要類別,但在原始資料群組中並沒有這個分類。這段對話似乎是想突顯數位化類別,所以我用灰色代表其餘相對類別。本例子應該也可以使用線圖。

3.「我們實際上只想讓他們看見,與註冊辦公室聯絡途徑的組合中,各途徑變化的當下情況而已。兩年前的情況如何?去年呢?今年呢?如果他們能看見這些時間點的組合,就會了解這個比例是如何變化的。」。

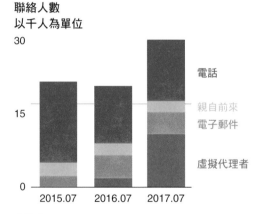

學生如何聯繫註冊辦公室

聯絡人數
以千人為單位

資料來源:MARK MCCONAHAY

說這段話的人,在言談間已經列出了她需要的圖表。**當下情**

況與時間點這些字眼，讓我放棄了趨勢線。但她想看見怎樣的當下情況呢？她自己已經說出來了！就是兩年前、去年和今年。我又聽到了**比例**這個字，所以我聚焦在圓形圖或堆疊長條圖上。當剩下這些選項時，我通常會選擇長條圖，尤其當一個比例中包含三個以上的變數，並且要顯示超過一個視覺圖表時。圓形圖比長條圖更難拿來做比較。

4.「我認為我們只要提供他們一個數位聯絡方式與非數位連絡方式的逐年當下情況，就足以指出數位聯絡方式所占的整體數量，是迅速成長的。」

學生改為使用電子郵件與虛擬代理者

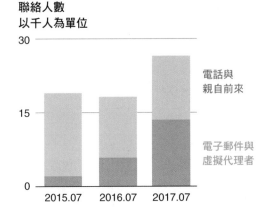

聯絡人數
以千人為單位

資料來源：MARK MCCONAHAY

我再次聽到了**當下情況**這個單字，這讓我放棄了趨勢線。**個別份額的總和**帶出了比例格式。這個版本可以輕易想像成一

個由三個簡單圓形圖組成的系列報表。評估這些變數間的差異，不會受到圓形的形式阻礙。

5.「我想看看**趨勢線**，但在季節性高峰影響下，它確實有點亂。我想對趨勢取得更單純的觀察，它究竟是平直的，還是上升，或是下降？」

學生如何聯繫註冊辦公室

資料來源：MARK MCCONAHAY

每當我聽到**簡單**和**趨勢**這兩個字相近出現，我就會想到斜率圖。斜率圖最近很受歡迎。它們小巧雅致。與長條圖相比，它們提供了更多隨時間變化的感覺，又不像傳統線圖中，較短的時間跨度中所有細微變化所引發的雜訊。但它們掩蓋了大部分資料。我在此處只是把一些點連結起來。所以你要謹慎一點。如果那些季節性的高峰和許多小型的下降和上升是

重要的,那麼斜率圖就是一個糟糕的選擇。這裡的斜率圖是這組資料中,第一個呈現出虛擬代理者的上升軌跡非常突出的版本。這是個強而有力的直接訊息。

6. 「當我分析資料時,我發現與數位和非數位聯絡方式比較不同的趨勢。我發現電子郵件和親自前來這兩種途徑是持平的,所以重點在於與電話聯絡比較之下,使用虛擬代理者的增加。如果把這兩種方式放在一起,就會讓大家看到虛擬代理者這種新的聯絡方式正在迅速發展。」

學生改為使用虛擬代理者

資料來源:MARK MCCONAHAY

在這個例子中,整個談話內容都指向一個不同於你之前可能認為有價值的比較。與上一個版本的一個小更動,就是將水平線條用灰色來表示,讓它們退到幕後,也讓你不可能錯過

這張圖表的意圖。你甚至可以從我選擇的格式中，看到這個名詞數值的劇烈上升。

清晰好懂比創意吸睛重要

解析學、資料科學與機器學習平臺
從 2016 至 2017 年的變化

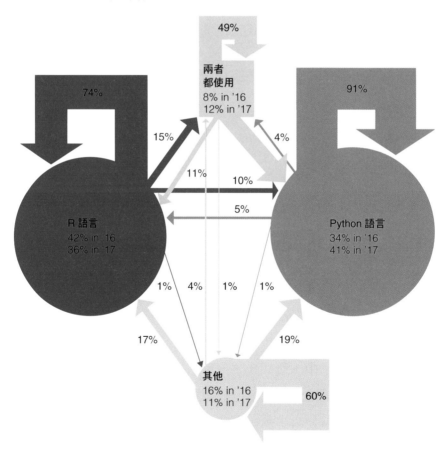

資料來源：DATA FROM KDNUGGETS.COM

你看到了什麼？我聽過從「掛鎖」（padlock）到「下水道系統地圖」等各種名詞來形容這張圖表，如果你以為我是用一些荒謬的圖表，來刻意調整這項挑戰習題的話，那我可以告訴你，這是根據一張真實且公開的圖表所做成的。在選擇圖表類型時，使用創意可以是件好事，如果我們做對了，它會在理解上帶來不可思議的突破。但不加控制的創意，將使格式完全失去清晰度。這些圖表或許能引人注目，卻很難使用。格式在這裡起了主導作用。這名製圖員本來顯然是有計畫的，但卻在一堆箭頭和標籤中出了錯。我們一起來修正吧。

1. 評論這張圖表。在了解它顯示了使用每個平臺的人的比例，以及從一個平臺切換到另一個平臺的人的比例後，說明你為什麼認為它沒有達到該有的效果。提出至少三個例子。

2. 畫出至少三種繪製這些資料的替代方案。請自行選擇你想突顯的議題內容。

製圖區

討論區

這名製圖員當時可能想要採用山齊熱流平衡圖（Sankey diagram），請參考附錄 A。令人沮喪的是，視覺圖讓很直接的資料反而變得模糊。我們有四個變數的年度占比變化，以及它們之間的移轉百分比資料。就是這樣。為什麼要走到如此棘手的極端，用這種更複雜的方式來表達呢？通常是為了引起注意。從一開始就吸引觀眾並不是一件小事，沒什麼比無論從外觀或形式上都充滿活力又豐富多彩的視覺化圖表，能更快達到這個效果了。但如果它只是外觀亮眼，卻缺乏明確想法，只會讓看的人感到頭痛。一個設計良好的常用圖表類型，可能會更適合我們。

1. **評論 1：比例不明。**這兩個圈看起來是成比例的，但是根據哪個數據而來，2016 年的還是 2017 年的？而現在看來，箭頭也是成比例的。同一顏色所有箭頭的寬度加起來，就可以做出一張堆疊長條圖。但這些比例與它們射向的圓圈中的比例，卻不相符。為什麼「兩個」種類是方形，而其他種類卻是圓形，是因為它包含另外兩個種類，因此不一樣嗎？我們無從得知。

   評論 2：模糊的標記。我喜歡最少的標記，但這也太少了。舉例來說，Python 語言箭頭的 91％表示什麼？看起來不像是那個圓圈的 91％。將標籤與箭頭連結，可以幫助我理解這是一個百分比轉換，但事實上，這個轉換是來自 2016 年的數值，可是此處卻沒有顯示！換句話說，在 2016 年使用

Python 語言的人，有 91％在 2017 年還在使用這個語言，但箭頭卻指回了由圓圈代表的 2017 年的數值。你已經感到困惑了嗎？這不能怪你。

評論 3：搖晃的箭頭。一旦選擇了這種形式，交叉出現的箭頭是無法避免的。決定走一條路，就要專心。維持大多數標籤對齊的努力，讓人印象深刻，但仍無法避免這張圖表先天存在的複雜性。很難看出從一個程式語言平臺到其它平臺，是如何轉移的。

2. 我對這組資料試了六張表格和七張圖表。每種圖表都各有優劣。我將在這裡逐一討論，從我認為效果最差的圖表開始。

圓形圖：這個挑戰實際上顯示了圓形圖的限制。這兩組比例的相同性，讓我們很難立即看到變化，但在這個議題中，我們唯一關心的就是變化。如果我不把百分比數值放在各部分中，那就連要猜測它們到底代表多少變化都很困難。更重要的是，標題暗示每個平臺內的使用人數變化，可能比平臺間的整體變化更重要。也就是說，使用 Python 語言的人數增加是原因，於是產生了一組新的比例。你應該可以做得比這張圖表更好。

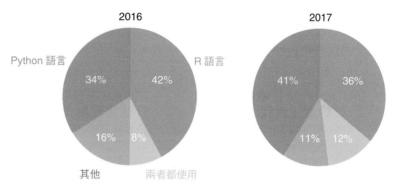

Python 語言使用者增加，R 語言使用者減少
資料科學家紛紛轉向使用 Python 語言

2016

2017

Python 語言   R 語言

34%   42%

16%   8%

41%   36%

11%   12%

其他   兩者都使用

資料來源：DATA FROM KDNUGGETS.COM

堆積長條圖： 在讓區塊中的變化讓讀者容易理解這一點上，堆積長條圖比圓形圖更有效一些。但是，當它們像在此例子中要用來比較時，變化是最容易在頂部和底部區塊上發現的，因為這些地方，起始點是一樣的。中間的區塊在不同的起點上浮動，不易看出變化。當然，這個形式首先仍然關注了整個平臺的組成，而不是內部每個區域的變化。我附上兩個版本，來顯示一個細微的改變，能如何改善堆疊長條圖的效果。第二個版本則將增加的部分和減少的部分組合在一起，讓人更立即感到 Python 語言和兩者都使用的區塊，正在侵蝕 R 語言和使用其他語言程式等區塊。

不過，它刪除了 Python 語言和 R 語言間的簡單比較，因為它們不再是相鄰的區塊。哪種方法最有效，就要由議題來決定了。但如果主題就是將 Python 語言與 R 語言的使用者變

化進行比較，那我認為其他圖表形式，會比堆疊長條圖更適
當。

如果我們想看到「成長與萎縮的平臺比較」，那我比較喜歡
此處的第二個堆疊長條圖。

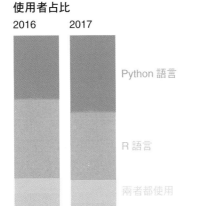
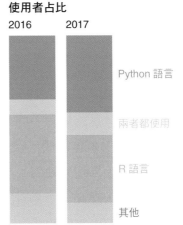

長條圖：圓形圖難以比較單一平臺的年度表現，而長條圖則
讓這個任務輕鬆達成，代價卻是無法看出各使用平臺的整體
比例。不過這或許沒關係。長條圖非常直截了當。我看到
Python 語言比以前高，R 語言則比以前低，如果這就如標
題所示，是我的議題的話，我就找到了一張很好的圖表。長
條圖的組織方式，也有將兩個主要團體，從兩個次要團體中
分離出來的整潔效果。

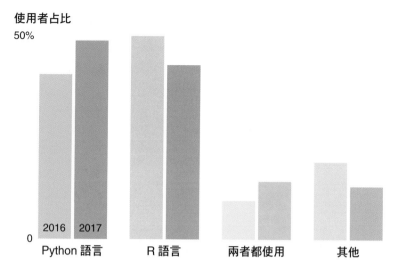

Python 語言使用者增加，R 語言使用者減少
資料科學家紛紛轉向 Python 語言

使用者占比
50%

2016 2017

0

Python 語言　　　　R 語言　　　　兩者都使用　　　　其他

斜率圖：雖然我繪製的資料，與長條圖中的完全相同，但線條卻傳達了不同的訊息。長條表達了兩個時間點之間的二元比較，斜率則顯示一段時間內的方向**趨勢**。在長條圖中，R 語言的占比**已經下降**。但在這張圖裡，它則是**正在下降**。注意這些動詞時態的不同，一個是已經完成了，另一個則是正在進行。你幾乎可以想像這些線條會繼續延伸到未來。斜率圖顯示使用 Python 語言的人**跨越**或者**超過**了使用 R 語言的人。在大部分的其它方式，這張圖與長條圖傳達了相同想法，但斜率圖還讓「主要程式語言」與「次要程式語言」呈現明顯的區別。如果這是我們的議題，那這張圖會表現得很好。

Python 語言使用者增加，R 語言使用者減少
資料科學家紛紛轉向使用 Python 語言

使用者占比

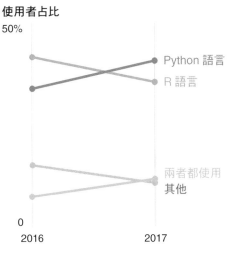

資料來源：DATA FROM KDNUGGETS.COM

表格：到目前為止，沒有一個圖表形式顯示出這種使用占比的重新分布是如何發生的，而這卻是原始圖表想要顯示的。在許多情境下，這是最關鍵的資料，重點不在於發生了變化，而是哪個程式語言在朝哪裡移動。在嘗試為原始圖表設想取代形式時，我首先將其解構為資料試算表。我盯著它，想著，**這是可行的**。為什麼要用一張表格，而不是一張視覺圖表？首先，資料並沒有那麼多，只有二十個點，分布在兩個群組中，而且我們只要看見占比與移轉情況。其次，表格很明顯以及全面。我的讀者如果能花幾分鐘的時間來消化這些資料，我就可以將資料全部向他們說明。如果我要對整個房間的觀眾演說，就可能不會用這個表格，因為它會讓大家

開始閱讀，而不是聽我說。不過，我可以將表格呈現出來，然後用某些標示重點的方式，讓大家的注意力放在一兩處關鍵焦點上。

分析平臺變化中的樣貌
資料科學家紛紛轉向使用 Python 語言

占比%

	2016	2017
Python	34	41
R 語言	42	36
兩者都使用	8	12
其他	16	11

占比移轉%

	來自 Python	來自 R 語言	來自兩者都使用	來自其他
轉而使用 Python		10	38	19
轉而使用 R	5		11	17
轉而使用兩者都使用	4	15		4
轉而使用其他	1	1	1	

資料來源：DATA FROM KDNUGGETS.COM

沖積圖：接著這張是我針對這組資料最喜歡的表達方式。我發現這張沖積圖，是透過兩邊的長條來比較簡單的占比，以及透過曲線表達從一個群組轉移至其他群組的數值的最佳組合。使用者的轉移也與總數成比例。本例中以流動線條顯示的「箭頭」，則做了真正的工作，它們在有多少人放棄 R 語言，轉向使用 Python 語言，或者有多少人在 R 語言之外，增加使用 Python 語言等事項方面，提供了很好的概念。還有，儘管流動線條縱橫交錯，但它們卻有秩序，讓我們很容易追蹤讀取。

Python 語言使用者增加，R 語言使用者減少
資料科學家紛紛轉向使用 Python 語言

使用者占比

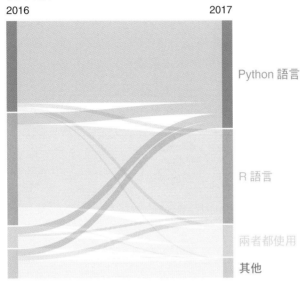

資料來源：DATA FROM KDNUGGETS.COM

這不是一種典型的圖表格式。我最後會使用是因為原始圖表有轉移的概念。如果你聽到例如**流動**，以及**從這裡到那裡**，還有從哪裡**群集到另一處**等字眼時，你或許就可以繪製一張沖積圖，看看是否能達成任務。用來製作這個圖表的工具，是一個叫做 Raw（rawgraphs.io）的簡單工具，但是其他工具，包括 Plot.ly 和 Tableau，以及 R 和 D3 等程式庫，也可以生成沖積圖。他們是山齊熱流平衡圖的相似圖表。沖積圖傾向於讓所有流動透過所有步驟連接起來，而山齊熱流平衡圖則傾向於顯示具有多個終端、更複雜的網路流動。

將數據轉為視覺圖表挑戰

　　有時我們不是一開始就有視覺圖表，我們只有一些資料。這些表格列出了威士忌及它們的一些關鍵特性。我們要將資料轉化為視覺圖表。就是這樣。我們動手吧。

　　想想這些資料是如何自然組織起來的，以及你可以操縱這個組織原則的方法：資料本身是否已經顯示適合哪種特定圖表格式了？一張時間軸圖？一張地圖？還是一張散布圖？接著把資料放下，試著向別人描述這項任務。告訴對方你想用資料來展示什麼。鼓勵對方提問。聆聽那些可能激發視覺圖表的關鍵字。然後畫出你想到的圖表，直到你喜歡你處理的方法為止。當你認為你已經成功了，做一個俐落的紙上原型，以呈現出最終圖表的模樣、大約的真實數值、顏色和標籤。

　　接下來，根據其他人的談話內容，嘗試以下挑戰。閱讀這些談話內容，畫出關鍵字和片語，並根據所說的內容繪出可能的圖表方向。

	年份（年）	成本（英鎊／公升）	細緻到煙燻／清淡到豐富（0至10分）
艾雷島			
雅柏	10	60	9.8 / 1.2
波摩	12	51	7.6 / 6.3
布萊迪	15	171	5.4 / 6.2
布納哈本	12	63	2.8 / 6.6
卡爾里拉	12	63	8.8 / 4.1
樂加維林	16	79	9.2 / 7.7
樂加維林蒸餾廠	0	570	8.8 / 9.4
拉弗格	10	58	9.2 / 2.3
高地區			
安努克	12	44	4.2 / 3.4
愛倫	10	50	3.8 / 3.9
愛倫	14	63	4.2 / 4.8
達爾維尼	15	56	4.9 / 3.4
經典格蘭傑	0	49	3.4 / 4.9
格蘭歐	12	160	6.9 / 4.2
高原騎士	12	46	7.2 / 6.6
吉拉初衷	0	49	3.2 / 3.0
歐本	14	71	5.8 / 4.9
富特尼	12	48	6.2 / 6.2
皇家藍勳	12	53	4.0 / 4.0
泰斯卡	10	55	8.2 / 4.3
泰斯卡	18	106	7.6 / 7.3

	年份（年）	成本（英鎊／公升）	細緻到煙燻／清淡到豐富（0至10分）
斯佩塞			
百富雙桶	12	55	3.8 / 7.5
班瑞克	16	93	7.1 / 5.1
卡杜	12	54	4.6 / 3.8
克拉格摩爾	12	51	6.0 / 6.5
克拉格摩爾蒸餾廠	0	83	6.0 / 8.5
大雲	16	79	4.9 / 9.1
格蘭菲迪	12	46	2.8 / 8.3
格蘭菲迪	15	59	3.4 / 8.3
格蘭菲迪	18	99	3.6 / 7.3
格蘭菲迪	21	164	3.6 / 9.0
格蘭菲迪	30	714	3.9 / 9.3
格蘭利威	12	65	3.4 / 4.0
格蘭利威	15	59	2.0 / 7.3
格蘭利威	18	129	2.6 / 8.9
格蘭利威	21	269	2.8 / 9.0
格蘭利威	25	500	3.4 / 9.2
靈活	12	67	4.2 / 2.6
麥卡倫	10	108	4.6 / 9.3
達夫鎮單一麥芽	12	52	4.9 / 7.3
低地區與坎培城			
格蘭昆奇（低地區）	12	55	3.6 / 2.8
雲頂（坎培城）	10	61	7.0 / 2.7

特性	口感敘述
豐富加上	
煙燻口感	辛辣、煙燻、泥煤、厚重
些許煙燻口感	乾果、雪利酒、厚重
些許細緻口感	香料與木質複合
細緻口感	堅果、大麥、餅乾的精細感

特性	口感敘述
清淡加上	
細緻口感	花香、藥草、青草的清新感
些許細緻口感	新鮮水果、柑橘、爽快
些許煙燻口感	香料、燉煮水果、成熟
煙燻口感	藥味、乾煙燻、胡椒味

1.「這麼多種口味的範圍，對我來說真的很有意思。」

「怎麼說？」
「這些描述，例如柑橘味、胡椒味、餅乾味，甚至藥味，它們的口感範圍和相互作用方式都很有意思。」

「但它們是如何相互作用的呢？」
「這就是重點。威士忌基本上都是清淡或者豐富，以及精緻或者煙燻之間的一個組合。如果你知道這兩組口感是如何相互作用，就能了解所有不同風味組合的區域。」

「所以你只要知道這一點，就能顯示某種威士忌的口感組合了？」
「是的，它們在每個頻譜上都有分數。但我認為，展示這些味道是如何相互作用，這種描述是最有趣的。我的意思是，把它們在背景中畫出位置也許很好，但我敢打賭，許多人不知道威士忌的味道是怎麼產生的。只要能看著這些口感組合被畫在圖表上，就很好了。」

2.「我對威士忌的區域性很著迷。」

「怎麼說？」
「有五個截然不同的區域，我不知道是否有個區域是因為出產某種特別口感組合的威士忌而知名。」

「你要怎麼去得知這一點呢？」

「你可以把它們畫在一個顯示從煙燻到細緻口感得分的軸線上，以及另一個顯示從清淡到豐富口感得分的軸線上，然後看這些威士忌都落在哪個區域。」

「所以如果一個區域有一種口感組合，你就會看到群集點？」

「沒錯。唯一的問題是，有很多要畫到圖裡的資料點。」

「所以呢？」

「我想這樣可能會很忙亂。如果我一次只做一種，可能會比較容易閱讀。」

3.「哇，威士忌的價格範圍幅度好廣。我很好奇昂貴的威士忌是不是有什麼特別的口感組合。」

「怎樣叫昂貴？」

「有些每公升要好幾百英鎊。大多數都集中在五十至一百英鎊的價格範圍內，但有些比我清單上的威士忌價格高出許多。」

「為什麼有些威士忌會貴這麼多？」

「我認為與年份有關，可能也與聲譽有關。我也不知道。」

「我喜歡這種作法。年份與價格相較。」

「也許我可以做三種的比較？年份、價格與口感？」

4.「這裡有很多有趣的變數，但我想聚焦在簡單的比較。」

「我認為，在這種情況，對這些觀眾而言，一次做一個比較會比較好。我不希望他們在聽簡報時，坐在那裡試圖一次弄懂三個或四個變數。我只想不斷重複展示『這個與那個』和『那個與這個』的差異。」

「沒錯。清楚簡單。一次比較一個。」

製圖區

討論區

　　我希望這個挑戰對你而言，能像我感覺到的一樣有趣。我在大部分的問題上，都傾向於專注使用一個特殊的形式，那就是二行二列的矩陣圖，但我希望並期待你們當中有許多人，在這個視覺圖挑戰中找到了其他解決方法。對我來說，很難不把威士忌口感的兩個「軸線」，當作我的核心結構，雖然你會發現，我至少在一個挑戰中沒有使用它。我試著不使用二行二列矩陣圖，但這卻讓事情變得更複雜，因為我知道如此一來，我就必須分別表達威士忌在每個味覺面向的分數。舉例來說，如果我選擇使用長條圖，那麼每種威士忌都需要一個長條來顯示煙燻刻度和一個長條來顯示豐富刻度。

1.「這麼多種**口感範圍**，對我來說真的很有意思。」

「怎麼說？」
「這些**描述**，例如柑橘味、胡椒味、餅乾味，甚至藥味，它們的**口感範圍**和相互作用方式都很有意思。」

「但它們是如何相互作用的呢？」
「這就是重點。威士忌基本上都是**清淡或者豐富**，以及**精緻或者煙燻**之間的一個**組合**。如果你知道這**兩組口感**是如何相互作用，就能了解所有不同風味**組合的區域**。」

「所以你只要知道這一點，就能顯示這種威士忌的口感組合了？」

「是的，它們在每個**頻譜**上都有**分數**。但我認為，展示這些**味道是如何相互作用**，這種**描述**是最有趣的。我的意思是，把它們**在背景中畫出**位置也許很好，但我敢打賭，許多人不知道威士忌的味道是怎麼產生的。只要能看著這些**口感設定被畫在**圖表上，就很好了。」

並非所有的資料視覺化圖表，都聚焦在資料點上。這段對話一直圍繞著這兩個衡量軸線如何互動，而圖表製作者則專注在口感的描述。這裡的兩大線索，就是相互交叉與區域。我一旦決定不去畫出威士忌具體的分數後，就專注於一種更通用的方法，也就是將這些口感繪製在各領域裡。通常在使用二行二列矩陣圖時，為四個象限創造定義有助於在你將資料畫在圖表上前，先建立視覺的空間。尤其是在簡報時，在你把資料畫上去前，先展示一片空白的畫面會很有幫助。在這裡，隨著視覺圖逐漸豐富起來，我將資料淡淡地畫進了背景裡。你可以將它看成只是修飾，但它也暗示著威士忌將可在這張圖表的各處找到。

威士忌地圖

煙燻口感

藥味、
乾煙燻、
胡椒味

辛辣、
煙燻、泥煤、
厚重

香料、
燉煮水果、
成熟

乾果、
雪利酒、
厚重

清淡口感

豐富口感

新鮮水果、
柑橘、
爽快

堅果、大麥、
餅乾的
精細感

花香、
藥草、
青草的清新感

香料與
木質複合

細緻口感

資料來源：THE MALT WHISKY FLAVOUR MAP: INSPIRED BY DIAGIO, BASED ON SVG CREATED BY UISCE BEATHA

2.「我對威士忌的區域性感到很著迷。」

「怎麼說？」

「有五個截然不同的區域，我不知道是否有個區域是因為出產某種特別口感組合的威士忌而知名。」

「你要怎麼去得知這點呢？」

「你可以把它們畫在一個顯示從煙燻到細緻口感得分的軸線上，以及另一個顯示從清淡到豐富口感得分的軸線上，然後看這些威士忌都落在哪個區域。」

「所以如果一個區域有一種口感組合，你就會看到群集點？」

「沒錯。唯一的問題是，有很多要畫到圖裡的資料點。」

「所以呢？」

「我想這樣可能會很忙亂。如果我一次只做一種，可能會比較容易閱讀。」

繪出這張圖證實了將所有內容繪製在一起，會顯得很忙亂，但使用顏色將區域編碼，感覺是種很好的方式，因為只有五

威士忌地圖

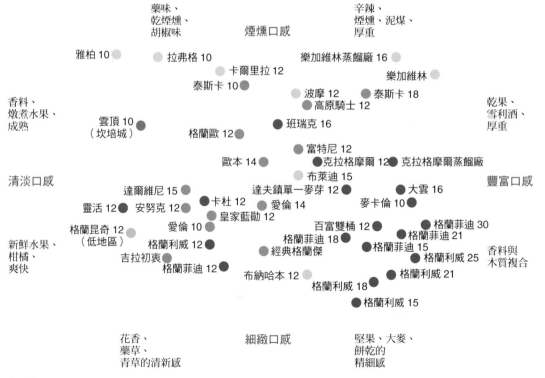

資料來源：THE MALT WHISKY FLAVOUR MAP: INSPIRED BY DIAGIO, BASED ON SVG CREATED BY UISCE BEATHA

個區域，而且只有三個區域有超出一個資料點。地圖當作圖例，也添加了一層地理資訊，這樣很好，但簡單的點狀圖例，也是可以的。

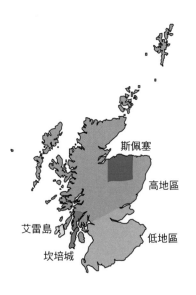

雖然顏色看起來還沒有失控，但標籤在此處卻很難整理。當我聽到**一次只做一種**，我的思緒便移轉到了小倍數圖表（small multiples，見 P146 圖），這是一個減少複雜性的強大工具。要使用小倍數圖表，你必須先建立一個結構。我在這個例子中，是使用這張大地圖做的。通過將這些資料圖表配對，我就可以在有時間時再依賴主圖表，因為這不是你可以看一眼就獲得想法的東西。但是小倍數圖表有效突顯了前面提到的區域群聚。無須太多處理，我們便可以發現，艾雷島的威士忌通常是煙燻口感厚重的，高地區的威士忌則各種口感都有，而斯佩塞的威士忌則口感較為豐富。

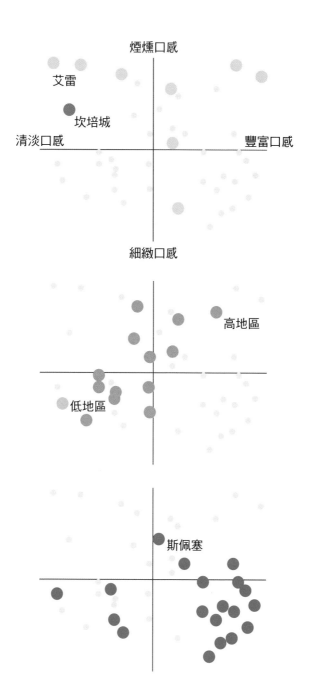

煙燻口感

艾雷

坎培城

清淡口感   豐富口感

細緻口感

高地區

低地區

斯佩塞

小倍數圖表的好處在於一旦建立了結構，你就可以在任意數量的變數上加以使用。你可以用價格、年份，或任何你想使用的變數來重複這個形式，也可以在合理的空間中使用幾個不同的變數。

3.「哇，威士忌的價格範圍幅度好廣。我很好奇，昂貴的威士忌是不是有什麼特別的口感組合。」

「怎樣叫昂貴？」

「有些每公升要好幾百英鎊。大多數都集中在五十至一百英鎊的價格範圍內，但有些比我清單上的威士忌的價格高出許多。」

「為什麼有些威士忌會貴這麼多？」

「我認為與年份有關，可能也與聲譽有關。我也不知道。」

「你能把年份加進組合裡嗎？看看年份久一點的是否價格更高？」

「我喜歡這種作法。年份與價格相較。」

「或者做一個年份與口感組合的比較？年份久的威士忌，會不會形成一種特定的口感組合？」

「也許我可以做三種的比較？年份、價格與口感？」

這有點在測試複雜度的極限，這張二行二列矩陣圖含有四個軸線，從煙燻到細緻口感的得分軸線，從清淡到豐富口感的得分軸線，年份軸線，以及價格軸線。我使用了空間、顏色和大小，來編輯資料。這樣的資料量太大了。但我們仍然可以透過快速觀察發現趨勢和觀念。我們不需要做什麼，就能看出昂貴的威士忌傾向於口感豐富，而且年份較多，當我們向右移動，圖中的泡沫會變得更大也更暗。大致來說，昂貴的威士忌口感是豐富而細緻的。

威士忌地圖

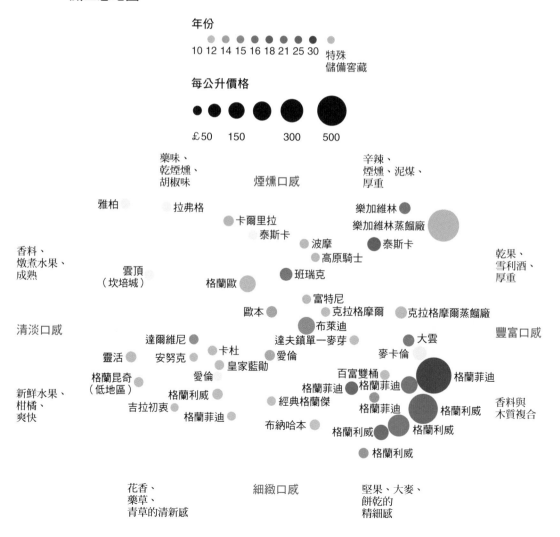

這張圖表雖然複雜，但卻有少見的能力可以讓我們快速產生一些想法，也能讓我們在想這麼做的時候，花些時間更深入思考這張圖表到底還顯示了什麼。不過我們還是失去了區域資訊，如果這個資訊是重要的，我們就得採取其他策略。

4.「這裡有很多有趣的變數，但我想聚焦在簡單的比較。」

「為什麼？」

「我認為，在這種情況，對這些觀眾而言，一次做一個比較會比較好。我不希望他們在聽演說時，坐在那裡試圖一次弄懂三個或四個變數。我只想不斷重複展示『這個與那個』和『那個與這個』的差異。」

「所以就是像價格與年份的關係，煙燻感與區域的關係。諸如此類。」

「沒錯。清楚簡單。一次比較一個。」

從這段談話中可以清楚得知，如果聽眾有時間看圖表，那麼先前幾張圖表的深度和複雜性還算適當，但那些圖表對這次簡報並不合適。一次做一個比較這個片語，以及這個與那個的說法，都暗示了雙軸線圖表，都可以在這個例子中發揮功用，例如長條圖。我選擇了緊密的點狀分布圖，將所有資料繪製在一個水平軸上。在資料組內部的比較很容易進行，因為你只需要測量點之間的距離，而不需要測量可能不相鄰的

長條間的高度差異。而且要進行比較也很簡單，例如區域與豐富口感的比較，年份與煙燻口感的比較等。你也可以做價格與年份，價格與豐富口感，諸如此類的比較。

威士忌年份與口感
每一個點代表一種威士忌

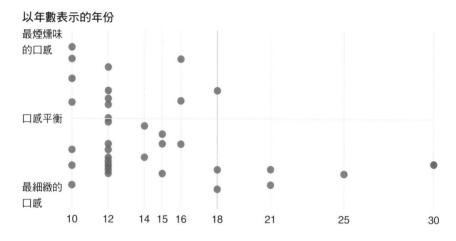

以年數表示的年份

最煙燻味
的口感

口感平衡

最細緻的
口感

10   12   14 15 16   18   21   25   30

把這些點狀分布圖巧妙堆疊起來，就堆出了一張散布圖。這在年份與煙燻口感圖表上更能立即明顯看出，我們在此可以觀察任何特定年份的威士忌，或者觀察所有的威士忌，並觀察出年份較老的威士忌都沒有煙燻口感。

點狀分布圖是顯示簡單比較的強大方法。你可以在這個例子中，創造任意數量的點狀分布圖。但請注意，我並沒有將這些點加註標籤。點狀分布圖的緊密度，代表它不利於全面加註標籤。如果展示每個品牌的威士忌是重要的，你在這張圖中就很難做到。你可以試試長條圖或其他種類圖表。如果你

想標記一些特別感興趣的點，或許仍然可以使用點狀分布圖。

重點是要記住，即使這個挑戰是從大量的資料點開始的，它仍然只有六個變數，但我卻能將它延伸與扭曲成幾種不同的圖表格式，並製作出更多我先前沒有繪製過的格式。我常訝異於圖表格式變化的可能性，就像在音樂中，幾個和絃就可以產生無數曲調一樣。

第四章

高效說服力

讓別人改變立場是每個人天生就有的企圖。

——歌德

讓別人了解資料中的想法是一件好事。讓他們因為所看見的內容而**改變想法**，則是很特別的感受。想要讓人改變、打破他們的預設立場、贏得盟友，或者只是要取得資金，你不只是要告知對方，而是要說服他們。但是，說服並不容易。它需要在攻擊與克制之間取得平衡。你要積極將人們的目光和思想，轉移到你想讓他們前往的地方，但你也要克制自己，不要操弄你的圖表來達成這件事。說服和不公平的操弄之間的界限是模糊的，你不該跨過它。

　　可是，如果建議你應該完全避免說服別人，也是錯誤的。被動地報告沒有觀點的統計數字，也是不切實際的。事實上，這根本不可能。任何一張圖表都是一種操縱，是有意識和無意識的決策組合，包括如何使用空間、該包括或排除什麼，以及何時該強調或淡化內容。你需要做出好的決定，讓你的圖表成為**有正面**說服力的。試想一下，對於移民這種熱門話題，如何用完全一樣的資料來創造出兩張明顯分歧的視覺圖表：

總人口中移民占比接近 1910 年的水準

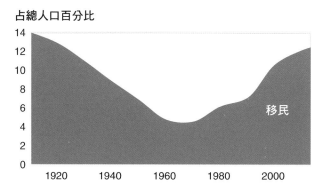

資料來源：PEW RESEARCH

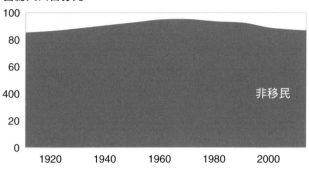

1910 年至 2013 年間總人口數中非移民占比

占總人口百分比

非移民

1920　　1940　　1960　　1980　　2000

資料來源：PEW RESEARCH

當你想在圖表中建立說服力時，試著遵循下面這些準則。

1 **改變你的問題。**在做圖表之前，我會問自己，**我想說什麼，對誰說，又要在哪裡說？**這能幫助我做出以對的格式，把對的想法傳達給對的人的視覺圖表。當需要說服力的時機來臨，前面這個做法需要利用一個新的提示稍加修改，這個新的提示就是，**我需要說服他們這件事。**試著比較「我試著說明競爭者的收入正在成長，」與「我需要說服他們，競爭者不斷成長的收入，對我們是真實的威脅。」後者可以產生不同的視覺方案。

2 **強調和孤立。**為了讓你的視覺圖表有說服力，讓最突出的資訊發光成為亮點。要限制觀眾可以聚焦的位置。讓他們的眼睛移動到你希望他們看到的地方。如果一個競爭威脅能說服他們改變策略，那就讓它更大膽、更多彩，並讓其他事物使用較淺的顏色或灰

色，來強調這個威脅。次要資訊將會消退，你想表達的重點就不必跟其他因素爭取注意力了。在一定程度上，這個建議也適用於所有的製圖，但在說服力方面，更要直截了當。說服時間不是拿來深入說明、比較細微差別和強調細節。保險公司的廣告不會使用提供一個條理分明、詳列所有保險方案與價格的表格，讓你能做出明智決定的方式，來說服你購買他們的產品。他們會說：「十五分鐘就可以讓你節省15％以上。」就是這個重點，強調和孤立。

3 **考慮你的參考點**。孤立的終極形式，就是刪除所有不直接支持你觀點的資訊。如果重要的是過去三個月間，存貨發生了什麼事情，就刪除同樣出現在試算表裡的一年前的存貨資料。放大顯示最重要的部分。如果你的報告一直在比較四個地區的表現，但你其實只想專注在其中兩個地區，那就把另外兩個地區刪掉。如果你對觀眾提供一張圖表，卻讓他們做出多種解釋，而且你包含的資料越多，他們就越有可能找到不同的解釋，那麼你的說服力就不夠。
相反地，你該思考如何超越資料組合，想想可以在圖表中增添什麼，來提高它的說服力。新的和不同的比較點，可以讓觀眾以新的方法看到一些熟悉的東西。一份通常顯示損失工時的生產力報告，可以改為如果這些損失的工時成本得到補償，能夠補足多少個全職人員職位這樣的方式來顯示。新的參考點可以將他們的想法，從損失了多少小時，轉變為這些小時的價值。

4 **把事情指出來**。要移動人們的眼睛，不需要太費力。指示線、分隔線和簡單的標籤，都可以告訴觀眾什麼是重要的。標示出

散布圖的一部分，會讓大家都清楚這裡是「積極活躍區」。將箭頭指向資料中的鴻溝，並標明「機會」。這再明白不過了。鴻溝本身就吸引了觀眾的目光，而標籤則告訴觀眾該怎麼看待這個鴻溝。你可以在線圖中添加一條「危險」線，而且很可能是紅色的線。如果趨勢跌破這條線，就該是時候恐慌了。我們看到與一個想法有關的趨勢。這讓我們思考，跨越一條線意味著什麼。

5 **誘惑**。顛覆期望也可以很有說服力。如果你用觀眾期待看到的視覺方式來建立圖表，接著卻展示現實是如何與他們的期待不同，你便製造了一個心理的緊張時刻。這將迫使他們調整這種不連貫的狀態：為什麼他們認為是對的事，結果卻不是如此。反面證據是充滿挑戰的，而且會引發討論：這是你們認為我們的資料的模樣，但這才是它真正的樣貌。這種方法在簡報時，可以有效地取悅並吸引觀眾。

6 **額外的專業提示：使用敘述結構**。以獨特的人性化角度來看，沒有什麼比一個故事更具說服力了。這是我們擁有的最有效的交流管道。人們不只對敘述有所反應，他們也很渴望它。所以，請用你的圖表講故事。「用資料講故事」是一個開始看來像是陳腔濫調的說法。許多人都在說這件事，但他們通常不知道這到底是什麼意思。我的意思就是你可以使用故事的基本結構，來創造圖表或一系列的圖表。而這個結構是：

- **狀況（setup）**：讓我向你展示一些現實。
- **衝突（conflict）**：這是在現實中發生的一些事情。
- **最終解答（resolution）**：這是衝突後的新現實。

　　在大多數的故事中，衝突或「加劇的行動」都是對抗性的。暴風雨、決鬥或已婚人士出乎預期的愛情對象等都是。在圖表中，我們自由的詮釋「衝突」這個名詞。它通常是敵對的，但有時卻只是一種變化，甚至是一種正面的變化。例如取得了一個新的大客戶，或者贏得了一個升職機會。包含時間元素的資料群，例如每季簽到次數，或者夜間快速動眼睡眠時間等，都有助於說故事，但其他資料也能在這種結構中達到效果。

　　以下挑戰旨在培養說服能力。專注於提高你的想法的說服力的方法，但不能不誠實地操弄。對於下列這些挑戰，不要擔心替代形式、顏色選擇，或其他考量，除非它們有助於增加說服力。

說服力練習

1. 以下哪一項陳述，是發展成一個說服圖表的良好起點？
   A「我需要向他們展示我們的海外收入不斷下降。」
   B「我希望他們看到每個市場的兩年收入趨勢，這樣他們就能看到在十三個海外市場中，大部分地區的收入下滑幅度，要比我們國內市場的幅度更大，下滑百分比也較季節或歷史平均數高。」

C「我需要向他們證明，海外市場的收入趨勢讓人不安。尤其在過去這六個月的期間。」

2. 這張圖表很有說服力地顯示出勞工休假天數急劇下降。找出兩種可能被不公平操縱的方式。

美國人假期天數突然下滑

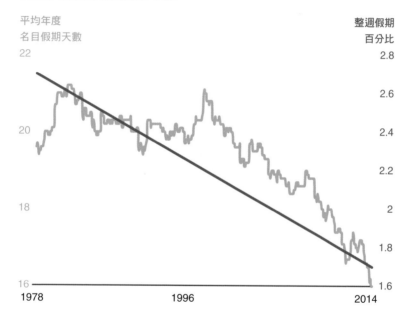

平均年度名目假期天數		整週假期百分比
22		2.8
		2.6
20		2.4
		2.2
18		2
		1.8
16		1.6
1978	1996	2014

3. 你想說服你的老闆，在推廣新的信用卡時，行銷部門應該專注在幾個的產品功能上。分析結果指出只有前三項功能會促使客戶換卡。找出一個繪圖方式，讓你的案子更具說服力。

客戶想從信用卡得到什麼好處？

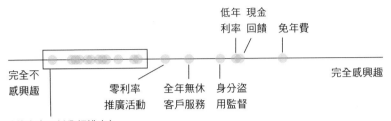

資料來源：公司調查

4. 上圖相關的新脈絡：你的老闆認為，零售商店獎勵和手機應用程式將能推動發行信用卡。把資料展現到你的簡報中，說服他們事實並非如此，你認為他們應該堅守基本方案。

5. 你的散布圖顯示數百名美式足球員的體重（x軸）、身高（y軸）和速度（點的顏色）等資料。你想說服觀眾，美式足球員特別壯碩和有力。列出一些修改散布圖的方法，包括增加與刪除參考點，讓這個論點更清楚及更有說服力。

6. 你收集了某街角一年間噪音汙染程度的資料。列出一些不在你資料中但可以加入的參考點，以說服大家這個街角的噪音已經到達無法接受的程度。

7. 你想對團隊展示，在下午十二點二十五分到二點十分之間，是提升網站流量的好時機。調整這張圖表，使它在這個論點上更有說服力。

午餐時間流量下滑

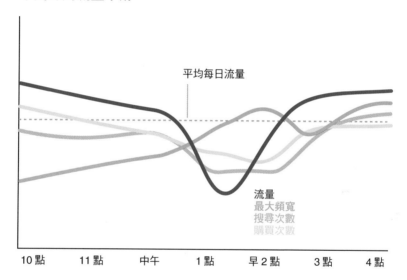

8. 下列哪個陳述最可能變成利用不公平操控的圖表？

A「我需要說服他們，他們把年終目標定得太高了，以前從來沒有過如此誇張的目標，這個目標最後一定會失敗。」

B「我必須讓他們知道自己有多荒謬，他們這樣做只會讓我

們丟臉。年終目標太離譜，我們在第一季末就無法達標了。根本沒有成功的機會，他們必須停止這種白痴舉動。」

C「我想向他們展示，他們今年設定的目標，對我們來說有多不可能達成。」

9. 這張散布圖顯示了價格和下載速度的合理線性關係。但線圖卻顯示下載速度不是一個線性函數。你會如何調整散布圖，以強調我們對花錢購買的頻寬價值的認知，其實是扭曲的這個論點？

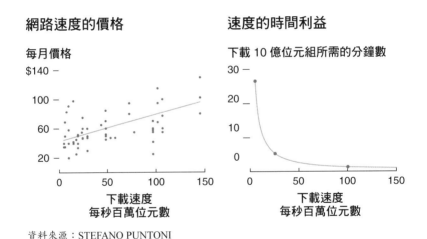

網路速度的價格

每月價格

速度的時間利益

下載 10 億位元組所需的分鐘數

資料來源：STEFANO PUNTONI

10.用這張圖表來講一個故事。寫出狀況、衝突和最終解答，然後概述一下你將如何展示故事的每個部分。

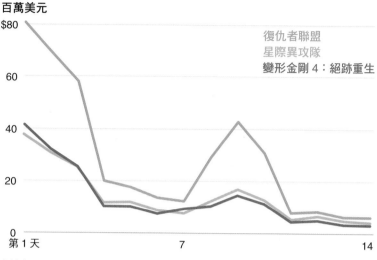

電影放映頭兩週的票房收益

百萬美元

復仇者聯盟
星際異攻隊
變形金剛 4：絕跡重生

$80

60

40

20

0

第 1 天　　　　　　　　7　　　　　　　14

資料來源：GOOGLE CHARTS

討論區

1. 答案：C。這個聲明既重要又專注。選項 A 過於被動和籠
統。演講者只想對人們展示一件事。聲明中沒有分析或也不
具說服力。他可能認為這是個讓人不安的趨勢，但由於他沒
有明白說出來，他的圖表也就不太可能會反應出來。選項 B
充滿了細節，足以製作成二或三張圖表。但是聲明裡的重點
沒有聚焦，也和前面一樣沒有具說服力。演講者只描述了資
料，而不是她想讓觀眾理解的想法。在選項 C 中，你幾乎
可以看到一張有說服力的圖表，一條線表示過去六個月的海

外收入,而國內收入則是灰色的次要線條,或者有另一條線
顯示歷史趨勢。

2. **寬度**。圖表越窄,坡度就越陡。有時候,空間是你唯一所有
或者你需要使用的。舉例來說,我們試著想像有另一張圖表
位於這張圖表的旁邊。不過在典型的簡報中,或者在典型的
螢幕或紙上,總會有空間讓時間序列呈水平狀拉開。當圖表
拉寬時,趨勢仍是下降,但看來不那麼突然,這種下降趨勢
需要時間。

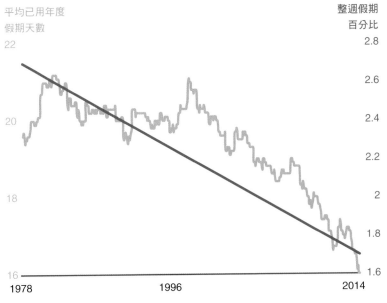

美國人假期天數突然下滑

資料來源:OXFORD ECONOMICS ANALYSIS

縮短的 y 軸。另一種讓曲線變陡的方法是將 y 軸部分數值截去。減少的數值表示它們之間的距離拉大。我在這裡將 y 軸的範圍限制在資料中的高數值與低數值，這是一種常見的方法。有時候這行得通。舉例來說，群集在 1 至 1.1 之間的科學數值，可能就無法在完整的 y 軸上得到突顯，因為它會把所有數值集中在圖表區域的一小塊地方。這樣一來，有意義的數值差異，可能會因為我們採用的是 y 軸的全體範圍，而就此被隱藏，或者難以看出。在本例中，我們討論的是假期天數，無論是一天還是二十一天。全週假期的百分比應該從零開始。在這裡只選取區段就意味有數據被隱藏了。這張圖表當然突顯了下降趨勢，但讓它滑落得如此劇烈，是否公平？看看沒有將軸線數值截斷的相同資料，至少下降趨勢看來不那麼突然。

美國人假期天數突然下滑

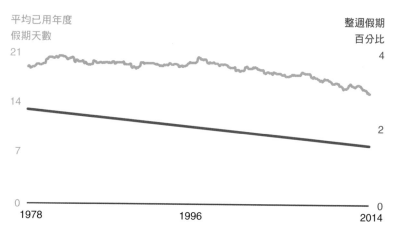

3. 我的方法是從圖表中刪除大部分資訊，只添加幾個關鍵標記。原來的圖表會鼓勵我閱讀和比較信用卡的所有功能。我會想知道所有的功能是什麼，以及它們在市場興趣量度上的位置。就算我把那一整塊擠在一起的功能看成一個變數，我仍然有七個變數要做比較，也就是最前面的六個和其他。
但我們的挑戰是要說服老闆，發卡銀行應該不要聚焦在過多的功能上。一個簡單的方法就是，**把老闆可以注意的東西拿走，這樣他們的目光就會看到你希望他們看的地方**。只要標注必要的好功能，其餘的都變成「不會因而換卡」。分界線則使這個想法更加明確。

較少功能反而促成開立信用卡帳戶

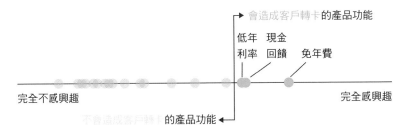

特別提醒：如果你使用這種說服方式，最好準備好為你的分析辯護。你能解釋前三名為什麼可以，又是如何讓客戶轉卡，而其他功能卻不能嗎？如果無法解釋，你就在進行專斷的區分，讓人感覺這是你故意操弄。要準備好討論你沒有標記的變數，因為別人很可能針對這些對你提問，它們是什麼？如果你必須從中擇一來進一步研究，又會是哪一個？簡而言之，要了解所有的內容。

4. 這是一個使用**誘惑程序**的絕佳機會，這是心理學家對施放誘餌與轉換的專有名詞。這裡的誘餌就是老闆所期待的結果。他們認為新功能是有效的，但你的分析卻顯示它們無效。藉著先展示他們的期望，然後向他們展示現實狀況，你就創造了一個驚訝時刻，以及調和落差的需要。他們的腦袋會想知道，為什麼他們認為是對的卻不是真的。這是一種讓人信服的方法，可以幫助人們以嶄新的方式看待事情。如果這是在紙上，或是在一個小的實體空間中呈現，那麼「預期」和「實際」兩張圖表，可能就足夠了。

我以簡報為前提，做了三張圖表。接著就是配合這些圖表的腳本：

1.「如各位所知，我們就客戶對我行信用卡所有功能的興趣，進行了調查，結果發現，客戶對部分功能，比其它功能更有興趣。」

什麼功能會讓消費者申辦信用卡

完全不感興趣　　　　　　　　　　　　　　　　　完全感興趣

2.「我們投資增加零售商店獎勵和手機應用軟體,因為我們認為客戶真的想要這些新功能。那麼,這些功能是得分最高的嗎?」

（在此處停頓一下）

我們預期新功能帶來換卡潮

新增功能,例如零售商點獎勵與手機應用軟體
既有功能,例如免年費與現金回饋

預期的結果

完全不感興趣　　　　　　　　　　　　　　　　　完全感興趣

3.「不,我們多年來提供的基本功能,仍然是客戶最感興趣的。事實上,我們的分析顯示,前三名的功能是唯一會讓潛在客戶改用我們產品的因素。」

原來基本功能才是客戶損失的驅動力

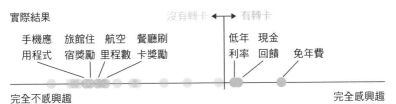

實際結果　　　　　　　　　沒有轉卡　　有轉卡

手機應　旅館住　航空　餐廳刷　　　低年　現金
用程式　宿獎勵　里程數　卡獎勵　　　利率　回饋　免年費

完全不感興趣　　　　　　　　　　　　　　　　　完全感興趣

5. 這是一個嘗試處理參考點的有趣練習。在我的腦海中，我看
   到了一張散布圖，球員們隨著圖示方向變得越來越高、越
   重，也越慢。我畫出了原型：

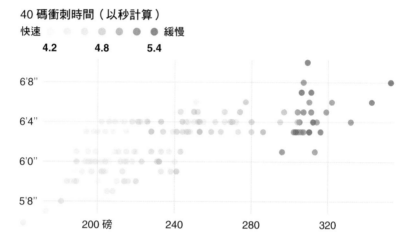

又大又快
美式足球球員與我們不同

40 碼衝刺時間（以秒計算）
快速　●　●　●　●　●　緩慢
　4.2　　4.8　　5.4

6'8"
6'4"
6'0"
5'8"
　　　200 磅　　240　　280　　320

資料來源：2017 NFL; PRO-FOOTBALL-FOCUS.COM

從這張圖我可以看出，這些球員又高大又快速。我還能看到
體型大小和速度之間的一般相關性。但是，為了讓大家立刻
明白這些人是特別高大和強壯，我需要增加參考點，例如不
是足球員的人，以進行比較。我可以使用任何數量的參考
點：其他運動員、歷史人物、動物，甚至我自己。在這個例
子中，我選擇了兩個：

又大又快
美式足球球員與我們不同

40 碼衝刺時間（以秒計算）
快速　　　　●　●　●　●　緩慢
　　　　4.2　　　**4.8**　　　**5.4**

資料來源：2017 NFL; PRO-FOOTBALL-FOCUS.COM

看著一名世界級的運動員只能勉強登上這張圖表，讓美式足球運動員的體型進入了一個令人信服的新視角。我刻意將梅西放在「圖表區外」，就是暗示我們在這裡比較的，是完全不同的身材大小族群。把身材普通，簡直無可救藥的、緩慢的美國男性放在圖表最底層，也會達到相同效果。但這裡仍然有很多資料，而我們的重點仍然會放在代表美式足球員的點上。我們會想花更多的時間觀察這些點，而不是去做比較。讓比較更立即發生的一種方法，就是刪除參考點，並使用按出戰位置排列的球員平均身材：

4　譯者注：Lionel Messi，職業足球員，西班牙甲級足球聯賽豪門納隊的隊長。

又大又快

如果你是一般的美國人，你就比美式足球員中平均體型較小的防守後衛更嬌小，也比美式足球的進攻峰線球員跑得慢。

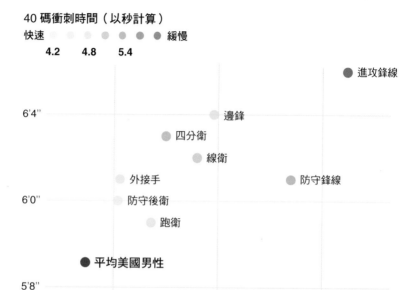

40 碼衝刺時間（以秒計算）

快速 ●●●●●● 緩慢

4.2　　4.8　　5.4

● 進攻鋒線

6'4"　　　　　　　邊鋒

● 四分衛

線衛

外接手　　　　　　　● 防守鋒線

6'0"　防守後衛

跑衛

● 平均美國男性

5'8"

● 梅西　　200 磅　　　250　　　300

資料來源：2017 NFL；PRO-FOOTBALL-FOCUS.COM

用「你」這個詞來替代一般人，有點戲謔的味道，如果讀者大多是一般美國男性，那麼這種用法也說得過去，可是一般來說，這個代表一般人的資料點，應該要標注得更清楚。這種資料的角度也有一定的說服力，但用顏色來替速度編碼，就傳達體型大小與力量的混合資料而言，不算很適合。大塊頭的人，不應該像大多數職業足球運動員跑得這麼快。一種更能突顯速度的方法，是將高度從視覺圖表中移除。身高很

有意思，但速度更有意思。我們可以做個取捨，放棄高度，而將速度放在空間軸線上，而不是顏色軸線上：

你跑得贏進攻鋒線手嗎？
不，你跑不贏的

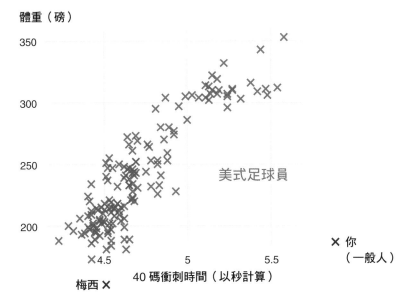

體重（磅）

40 碼衝刺時間（以秒計算）

美式足球員

× 你
（一般人）

梅西 ×

資料來源：2017 NFL; PRO-FOOTBALL-FOCUS.COM

這張圖很有趣。運用得當時，它可以加強參與感和圖表說服力。但要夠了解你的觀眾。如果他們不喜歡說笑話，你就要克制。我在這裡使用十字符號，只是想看看它們與圓點比較的閱讀效果。我有時會這樣做，目的是測試設計的想法。在這個例子中，我認為這還不錯，因為除了整個群體區塊，我不想讓你看到任何紅色的東西。我們不需要識別位置或個別

資料點。我本來可以留下那些點。此處的焦點在於移除體重這個決定，你一樣還是有足夠的好材料，讓你以多種方式完成一張好圖表。這通常沒有正確答案，可以歸結為單純的偏好。在這裡，我可以使用高度、體重和顏色的三個變數圖表，或者把高度去掉的圖表。我也可以用圓點或者十字。更寬廣一點來看是，我很有說服力地在操縱參考點。

6. 使用你手邊資料群組以外的資訊，是讓圖表具有說服力的重要但未被充分利用的策略。從資料視覺化到想法視覺化的微妙語意轉變，可以讓你理解一個概念，那就是想法可以不只用資料來構建。以下是一些常見且持續有用的外部參考點：

- **歷史前例**。你的資料和過去類似的資料組相較如何？例如：這次選舉的投票數與過去選舉的投票數相比。
- **競爭資料組**。與競爭資料相較，你的視覺圖表表現如何？例如：你的演算法與類似演算法的精確度。
- **重組**。如果把變數以不同方式分組，你的資料會是什麼樣子？例如：按區域別重新分組的銷售團隊績效，與按產品銷售量分組的銷售團隊績效。
- **統計模式**。你的資料與我們預期見到的統計資料相較之下顯得如何？例如：學生成績的實際分布與預期分布。
- **預料之外的參考點**。你的資料與完全無關的或觀眾認為有創意的資料相較之下顯得如何？例如：送貨員行走的里程數，等於他們到月球幾次。

在嘈雜街角的挑戰題中，我想出可能讓資料變得活潑的幾個參考點：

● 增加來自另一個街角或幾個街角的資料，顯示出這個街角相對於其他街角有多大聲（競爭資料組）。

● 比較其它平均噪音等級、最大噪音等級與最低噪音等級，例如動物、噴氣引擎、急流水聲或圖書館等（預料之外的參考點比較）。

● 拿平均噪音水準與都市平均分配的噪音水準比對，以判斷此處的噪音水準是常態還是異常。（統計模式）。

● 根據噪音水準標示壓力水準，以顯示聲音對焦慮感的影響。（預料之外的參考點比較）。

7. 有時最有說服力的圖表就是最簡單的圖表，它們清楚無誤地表達了一個觀點，讓觀眾沒有其他東西可以分心，也沒有其他方式來解釋他們所看到的東西。由於本例提供非常具體的情境，我們幾乎可以刪除這張圖表除了機會的所有資料。其他資料或許對其他情境是很有意思的，例如頻寬如何隨著流量而增減？更大的流量是否可以解讀出有更多人次購買？但那些不是這裡的情境。我能在很少的元素下，想像出需要什麼。我甚至在 y 軸上不放任何數值，只把提高機會的兩個邊界值放在 x 軸上，這樣就不會有任何人懷疑什麼是重要的。在此處不需要任何言語，都能看出機會在哪裡。標題中的機會這個字眼，正好落在圖表中機會所在的區塊之上，這是個讓人高興的巧合。

午餐時間流量機會

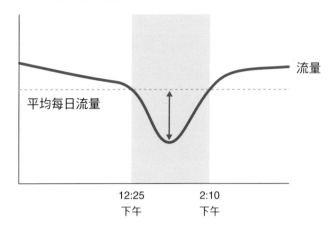

8. 答案：B。這位演講者當然很熱情，但請注意把聽眾形容為「荒謬」的「白痴」這個態度，以及不透過資料而產生的想法等焦點。「沒有成功的機會」或許是真的，但卻不是你能預見的。這個人只想挑起一場爭鬥，而不是說服，所以不難想像情緒將會引導圖表進入操控的領域。圖表製作者可能忽略一些能讓情況變柔和的重要變數或視覺元素，藉此避免確鑿的事實。選項 C 感覺被動和籠統，但它看來不會帶來太多麻煩，只是產生一張缺乏說服力的圖表。選項 A 看來很有希望。它專注於資料，例如目標太高，以及提出可供繪製的歷史目標前例，感覺積極且熱情，也不到憤怒的程度。

9. 原來的圖表講述了一個重要的故事，我們為雙倍頻寬付出雙倍的價格，但並沒有得到雙倍效能！一旦了解最高的價值是來自每秒下載速度從零增加到五十百萬位元，在這之後價值

遞增的現象就大幅下滑後，我們就能針對成本與下載速度的關係做出一些判斷。在本例中，我想展示觀眾或許認為支付適中的價格，換取非常高的下載速度，是一筆「很好的交易」，但這根本就不如他們想像得那麼好。同時，支付更多錢，讓下載速度從十增加到二十五百萬位元時，這個價值其實比他們想像的更好。最大的欺騙，則是成本最高的極高頻寬服務。如圖所示，人們要付許多錢，才能取得小範圍的遞增頻寬。劃出區域，並且使用「炫酷」的顏色代表有價值的交易，以及使用「酷熱」的顏色代表沒有價值的交易，就可以在成本和價值之間，比先前的圖表提供更直接的關聯性。當然，你必須能夠為這些價值判斷辯護。

網路速度的價格

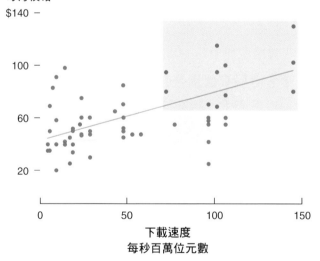

每月價格

資料來源：STEFANO PUNTONI

10.時間序列圖表本身就很適合搭配講故事的技巧。為了使它們
   成為一個故事，你可以選擇性的顯示 x 軸，就像我在這裡做
   的這樣。這裡是以簡報重點形式呈現的故事。相關的敘述架
   構已經標示出來：

復仇者聯盟第一週票房：強勁但合乎典型

票房以百萬計（美元）

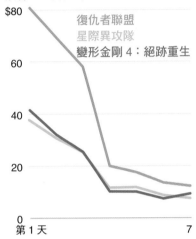

資料來源：GOOGLE CHARTS

狀況：《復仇者聯盟》上映大獲成功，超越其他超級英雄電
影。但接下來一周的票房模式則與同類型電影相似，雖然規
模更大一些：這個模式就是在盛大開映後，首週末票房下
降，而在接下來那一週更是逐漸下滑。

復仇者聯盟第二個週末票房：完全非典型

票房以百萬計（美元）

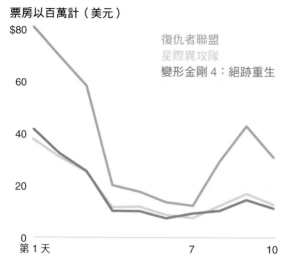

復仇者聯盟
星際異攻隊
變形金剛 4：絕跡重生

資料來源：GOOGLE CHARTS

衝突：通常第二個週末的票房收入只會略微增加，但《復仇者聯盟》卻意外出現大幅成長。它在第二個週末的票房收入，相當於大多數超級英雄電影首映週末的票房收入。

復仇者聯盟第二週票房：回歸正常

票房以百萬計（美元）

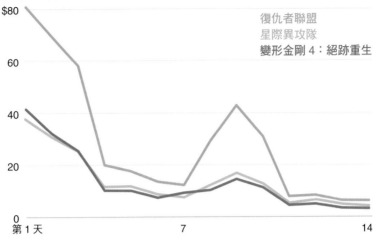

資料來源：GOOGLE CHARTS

最終解答：在第二周，《復仇者聯盟》終於進入了正常模式，與其他超級英雄電影的表現相同。

投資建議的圖表重點

伊藍公司超越波姆公司

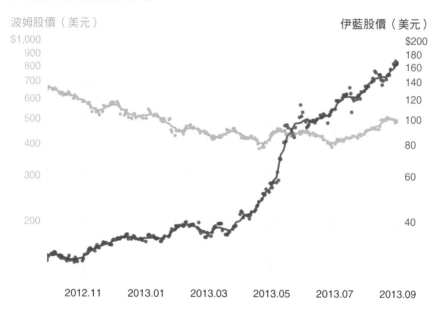

波姆股價（美元）　　　　　　　　　　　　　伊藍股價（美元）

你對如何製作良好圖表了解得越多，就越容易發現那些濫用操縱真實資料的說服技巧，有些是故意的，大部分則純屬意外。這個對十一個月股價的簡單觀察，就是這種例子。乍看之下，它看起來很好，還說了一個乾淨的故事，也反映在標題上。很清楚，設計得很好。甚至看來很正式。不幸的是，這是十足的操縱。當你獲得了數據圖表化的能力後，你就會希望自己能夠看出，像這樣的圖表是如何欺瞞觀眾，以及該如何修改，以讓它更能反映事實。我們來修改它吧。

1. 找出並解釋這張圖表不公平操縱使用者的三種手法。

2. 用更能反映現實的股價，描繪出一個版本。

3. 繪製一張替代圖表，來支持伊藍股份有限公司更值得投資的
   觀點。

製圖區

討論區

　　這張圖表讓人無法抗拒。我們立即看到一個引人入勝的故事，它俐落又帶陳述性的標題，真是再清晰不過了。故事就在圖中，用粉紅色與藍色線條呈現：伊藍公司的股票穿透了波姆公司的股票。但仔細觀察卻會拆穿這個錯誤的說法。即使只需幾秒鐘，就可以看穿這個花招，但我們很難不看到這個陳述。引人注目的圖表具有高度的**真實性**，這是研究人員用來描述某件事在客觀上真實的術語。我們的頭腦喜歡在圖表中尋找故事，它們希望相信自己所看到的，如果不重製圖表，想了解究竟發生什麼事情，還真得花一番精神。

1. **雙 y 軸使用了同樣的變數，卻有各自不同的範圍**。伊藍公司股價高峰為二百美元，但卻和波姆公司一千美元的股價放在一樣的高度。所以在兩個股價「交叉」的那個點，伊藍的股價實際上只有波姆的五分之一。當伊藍的股價線高於波姆時，我們就會以為它的股價更高，但其實並非如此。
   雙 y 軸通常使圖表難以使用。在同一空間測量兩種不同的東西，就像是在同一塊棋盤上同時下西洋棋和雙陸棋。
   標題。標題中「超越」這個字，加強了上升的粉紅線條的效果。圖表製作者讓人太容易看到線條，然後看到標題，接著形成錯誤的敘述。一般來說，標題有助於強化論點，但如果它們強化了錯誤的論點，那就是不公平的操縱。
   半對數尺度。這一點更微妙。你有沒有發現兩條 y 軸不是等距？這張圖表被稱為「對數線性」圖表，因為 y 軸是用對數

繪製，而 x 軸卻是線性的。對數尺度在指數之間顯示相等的距離，因此較低的數值之間，會比較高的數值之間距離更遠。對數尺度通常用來繪製大範圍的數值，或者當離群值與大部分其他數值相差太遠，導致大多數的點都落在圖表的角落裡，因擠壓得太近，而讓你無法看出任何模式。舉例來說，如果你的大部分資料都落在十至一百的範圍，但有五個資料值卻在一萬的數值範圍，那麼在線性標度上，將很難看到你大部分數值之間的任何差異。對數尺度延展到低數值端，讓你可以看到差異，但也能繪製離群值或較大的數值。統計學家和科學家慣於使用對數單位，但我們大多數人卻很難掌握。我在這裡掙扎了很久。測量地震強度的對數芮氏震級發明者查爾斯・芮克特（Charles Richter）據說曾說過：「對數圖是魔鬼的裝置。」你應該只在必要時，而且知道觀眾有能力理解時，才使用這種圖表。

在此處根本不需要使用對數尺度，甚至不合邏輯。範圍並沒有延展到需要用指數來處理的程度。更糟糕的是，由於對數尺度拉大了低數值的空間，也擠壓了高數值，讓這張圖表誇大伊藍的股價表現，因為伊藍的股價上升，其實主要發生在低價端。

2. 本例最簡單的最終解答，就是一條線性 y 軸，範圍則包括所有股票價位，從○美元到大約七百美元之間，足以評估一個線性範圍。突然之間，**超越**這個單字，與我們所看到的狀況就不一致了。我改變了標題，因為我仍然想說服人，伊藍是更強的投資。但儘管標題這麼寫，你可能會從這張圖表判斷，伊藍的股價表現並不出色。雖然伊藍在這段時間的股價表現優於波姆，但從這張圖表中卻很難得到這種感覺。這無法讓我相信伊藍股價的強勢。為了讓這一點更有說服力，我需要找到另一種表達資料的方法。

伊藍公司表現較波姆公司強勁

股票價格（美元）

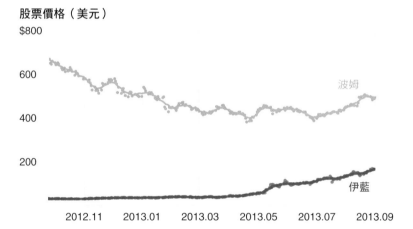

3. 投資更注重的是波動性和價值變化，而不是原始價值。我們不太關心它目前的成本，而是它的價格，與我們付出的代價相較的結果。為了要看到這一點，我們將支付的金額設為〇點，然後繪製隨時間經過的價格變動百分比。同樣的初始資料，將製造出一個截然不同的觀點，一個關於投資伊藍與波姆股票的價值相較更有說服力的觀點。

在某些情況下，你可能兩張報表都需要。如果這張視覺報表的觀眾，不知道波姆儘管看來表現平平，但它每股股票的價值，卻是伊藍股票的五倍，那他們就該被告知這點。

伊藍公司股價上揚，波姆公司股價衰退

自 2012 年 9 月 17 日以來的股價變動百分比

能幫助病人判斷治療的圖表

　　醫療保健業者希望幫助病人做出正確的決定。這並不容易。健康資料不一定容易理解，在壓力很大的時刻，例如在聽到一個困難診斷的當下，病人甚至難以思考，更別說要對他們的治療做出決定。數據圖表化可以提供幫助，更廣泛的說，它可以是一個有說服力的元素，將關於人體運作的密集資料群組，轉化成決策工具。這是醫生關於一名病患睡眠呼吸中止症的檢驗報告。醫生知道這個病患對診斷結果持懷疑態度，他必須說服病患他的症狀已經進入「中度」階段，應該接受治療。他甚至標示了一些最重要的資料，但病人並沒有被說服。我們來修改它吧。

1. 列出這個表格中三件可以改進的事情，讓它們對病患更有效。
2. 將這些資料繪製成一個圖表，當作視覺輔助。不要聚焦於獲取正確的資訊。而是要聚焦在做出報告中你可能用到的各項元素的格式。
3. 根據表格右下角兩個嚴重程度指數中的基準資料，根據這份報告繪製一些草圖，用來說服病患治療他的睡眠呼吸中止症。

病患姓名：范·溫科	檢查日期：2017 年 8 月 14 日
性別：男	病歷號碼：95030
生日：1972 年 9 月 6 日	病患年齡：45 歲
身高：180 公分	體重：99 公斤
轉診醫師：P·范德登醫師	主治醫師：W·艾文醫師

觀察事件	每小時次數	總計	平均持續時間（秒）	最高持續時間（秒）
中樞性睡眠呼吸中止	4.1	30	15.3	19.0
阻塞性睡眠呼吸中止	6.8	49	19.4	41.0
低度呼吸	11.5	83	22.2	45.5
呼吸中止＋低度呼吸	22.4	162	20.7	45.5

打鼾	
打鼾次數總計	59
打鼾總時間	15.7 min
平均每次打鼾時間	16.0 sec
打鼾百分比	3.6%

檢查時間	
關燈	晚間十一點三十八分
開燈	晨間六點五十三分
觀察時間	四百三十五分鐘

血氧飽和度分布	持續時間（分鐘）	占總持續時間百分比
<100%	30	7
<95%	290	67
<90%	32	7
<85%	25	6
<80%	28	6
<75%	20	5
<70%	10	2

心跳	每分鐘次數
睡眠期間平均心跳	54
睡眠期間最快心跳	95
睡眠期間最慢心跳	48

氧氣飽和度下降	
平均值（百分比）	88
飽和度下降總次數（每小時）	85
飽和度下降指數（每小時）	11.8
最大飽和度下降（百分比）	28
最大飽和度下降持續時間（秒）	48
低血氧飽和度	78
低血氧飽和度持續時間	5

呼吸中止＋低度呼吸嚴重程度指數	
極輕微	<5 每小時次數
輕微	5-15 每小時次數
中度	15-30 每小時次數
嚴重	>30 每小時次數

血氧飽和度下降嚴重指數	
極輕微	>95%
輕微	90-95%
中度	80-89%
嚴重	<80%

製圖區

討論區

　　像這樣的報告很典型，而且不止在醫療領域。這是經典的關鍵性能指標資料集中場。我們需要的一切都在這裡，但這並不代表我們知道如何閱讀和解讀它。而說服也幾乎不存在。畫出的重點只是想讓我專注於報告部分內容的一種敷衍了事的企圖，但我不太可能被說服認為我有問題，更別說採取行動了。還要做更多的工作。

1. **科技術語的翻譯**。醫生可以使用這些表格，但病人卻無法使用。情境：醫生想說服病人，處理他的健康問題。**血氧飽和度分布和飽和度下降指數**等術語，會削弱這個目標，因為患者在懷疑這些類別的量測結果代表什麼意義前，還得先了解這些術語的含義。「血液中的氧氣總量」和「血液中氧氣水準下降的次數」，對聽眾而言更加清楚易解。

   明確性。低度呼吸的平均持續時間，究竟是二十二‧二秒，還是二十二‧五秒，不論對醫生而言有多重要，對病人來說都不重要，而使用小數點的數字，比四捨五入的整數更難閱讀。

   缺乏基準。即使病人直接查看標示出來的資料，並且看到醫生希望他看到的東西，他也幾乎肯定會問，**這樣正常嗎？** 這份報告提供了數據，卻沒有任何數值的判斷，但這才是最重要的。這些數據好嗎？可以接受嗎？還是很糟糕？甚至是嚴重的？患者需要參考點，來顯示這些資訊與醫生的期望或要求相較的結果。

你可能會好奇我為什麼批評這張表格，而不是直接去繪製圖表。有兩個原因。首先，對呈現的資料做批評，能讓你準備好製作出較好的圖表，因為你會看出缺少了什麼，以及哪些地方難以理解。第二，在很多情況下，你會想在觀眾看到一張視覺圖表後，提供這樣的表格，好讓他們更深入了解，這也有助於確保你也可以做出好的表格。

2. 具體的說，這個挑戰是為睡眠效率構建一個小型儀表板。我的努力只是一個開始，還有很大的改進空間。我在這裡停下來，展示正在進行的工作，讓你們看見我是如何系統化地瀏覽各種表格，尋找簡單的圖表化方法。我應該說明一下，這些草圖代表第二次或第三次取代我先前的想法，雖然每一次的取代都是很快就產生的想法。讓我們從左到右，由上而下來討論它們。

病患基本資料：表格。我認為沒有必要把這些資訊圖表化。這些是核心數據，很適合以表格型態運作。

研究時間：圓弧圖（arc）。我用二十四小時時鐘的概念，來顯示研究持續了多長時間，在這裡以陰影區來表示，以及研究持續了多久時間，以水平軸線來顯示。我還沒有決定如何將時間分配出來，但我把午夜放在最上面，因為大家的腦海裡，那就是午夜的位置。另一方面，下午六點出現在我們期待看到晚上九點的位置，而早上六點則出現在我們期待看到凌晨三點的位置。所以我在這裡也試著使用一個完整的圓圈。如果睡眠問題也涉及白天，那麼在這裡也很容易添加日

1.
姓名：范溫科
病歷號碼：95030
生日：9/6/1972
年齡：45
身高：180公分
體重：99公斤

2.
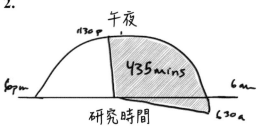

3. 觀察事件／每小時次數，20秒
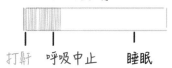
● 低度呼
● 阻塞性睡眠中止
● 中區姓睡眠中止

4.

5. 睡眠困擾占比

打鼾　　呼吸中止　　睡眠

6.
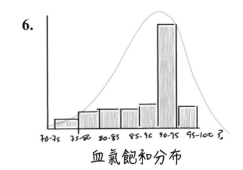
血氣飽和分布

出和日落的標記。我本來想在這裡做更多處理。這張視覺圖表可能很小。但它傳達了簡單且基本的資訊。

每小時發生的事件：單位圖。睡眠呼吸暫停事件，是一個人停止呼吸或呼吸困難產生掙扎的短暫時間。在大多數情況下，患者每晚有數十到數百次這樣的事件，這是一個可管理的數量，可以讓每次事件都有自己的視覺標示，在這個例子中，我使用了點來顯示。在視覺化圖表中標記個別單位，總是能幫助觀眾不只將這些事件看作統計資料的集合，最後還

能形成一個抽象的事物，例如一個長條。睡眠呼吸中止是一個事件，而這裡的每個點都代表一次事件。我可以用顏色對時間單位進行分類，以代表發生的事件類型。為「良好睡眠」的時間增加單位，有助於為患者描繪出整體局面，可以指出在這裡你在呼吸，而在這裡你則沒有呼吸。組織良好的單位圖可以同時強力呈現個別的單位，以及更全方位的堆疊長條圖，例如這張圖就是。單位本身也可以重複使用。如果你知道每個事件發生的時間，你就可以重新部署柱狀圖上的彩色點，來顯示患者何時停止呼吸。

心率：棒棒糖圖（lollipop chart）。這個圖就是因為點和線的組合，看來就像這種糖果，這些圖表是很好又簡單的方式，來顯示範圍或者兩點之間的距離。這張圖表顯示了夜間的心率範圍。我們新增一個從六十到一百的範圍，也就是人類心跳的典型範圍，這樣一來就提供了一個參考。我在此處唯一的猶豫，就是病患睡眠時的每分鐘平均心跳是五十四，也就是大多數時間的心率都低於刻度範圍，而且心率只有幾次會飆升到較高速率。在沒有頻率的分布下展示這個指定的範圍，這個視覺圖可能過分強調那些短時間脈衝。柱狀圖能更迅速地顯示這點。因此我在這裡做了一個取捨。

睡眠中斷總時間：堆疊長條圖。我覺得這組資料在不同的地方包含了相似的資訊。打鼾與呼吸暫停事件是分開的，但兩者都會中斷睡眠。把這兩件事加在一起，可以讓我們比較無法入眠的時間和睡眠的時間。長條中無法睡眠的時間有點驚人，在四百三十五分鐘內，有將近三十分鐘。有一點需要提

醒，目前還不清楚打鼾和呼吸暫停是否重疊，所以在我這樣呈現之前，必須確認它們屬於各自獨立的事件。

血氧飽和度分布：柱狀圖。分布這個詞，讓我直接進入這個單字最常用的圖表類型，柱狀圖。血氧飽和度測量血液中的氧氣含量，越多越好，所以這張圖表應該向右傾斜。柱狀圖看來像長條圖，但傳統上它們的長條會相互接觸。沒有使用經驗的人可能會誤以為它是長條圖，而無法立即了解如何閱讀。它適用於典型分析，例如平均、好壞等，以進行比較，或者會像我剛才所做的那樣，用文字來解釋你希望這個視覺圖表長得如何。

如果這要成為我想給病人的東西，我的下一步就會考慮建立一些資訊的結構。我不會讓所有視覺元素都保持相同大小，我也會嘗試不同的呈現順序。我會想做一張主要的視覺圖表，和一些支持圖表，我也會確保想法按照邏輯進行。

如果你也這麼想，那麼一個很好的練習方法，就是把你的草圖帶到下一個階段，想像你要把這張紙拿給病人看。你會怎麼設計它？

3. 現在我開始積極說服病人改變他的行為。儀表板練習讓一大堆資料更吸引人，這比一張滿是數字的紙更能幫助患者，但它所做的也只是冷靜呈現發現結果而已。要改變行為是困難的，需要更積極的策略。我在這裡的說服，集中在兩個主要元素。首先，我會隨時直接告訴病患，這不只是資料，而是**你的**資料。這是你睡眠時停止呼吸的時候。糟糕的結果現在

變成了病人自己攸關的東西。其次，我增加了一些質量的範圍和標籤。即使能快速產生意義的良好圖表，也可能缺乏有用的參數。你會聽到這樣的反應，**這是好的嗎？這正常嗎？我應該在這張圖表的什麼地方？**通過強調好與壞的結果，以及用綠色表示前者，用紅色表示後者，我不僅幫助患者看見他的檢查結果，還能了解它們的含義。

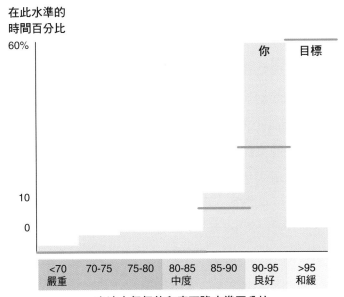

氧氣飽和度下降

在此水準的
時間百分比

血液中氧氣飽和度下降水準百分比

每小時呼吸中止與低度呼吸

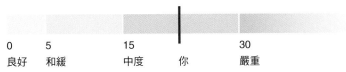

無呼吸持續時間

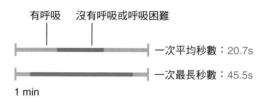

有呼吸　　沒有呼吸或呼吸困難

一次平均秒數：20.7s

一次最長秒數：45.5s

1 min

你的典型一小時睡眠

■ 沒有呼吸

0　　　　　　　　　　　　　　　　　　　　　　　　60 min

讓我們逐一檢視這些圖表，並補充評論。

氧氣飽和度下降：柱狀圖。即使一個不習慣閱讀柱狀圖的病患，也能使用這個圖表。你可以毫不費力地就看到病患的結果是高於或低於應有的水準。為了幫助傳達頻率分布的概念，我把軸線標籤做得有點冗長並且使用敘述方式。我試圖讓柱狀圖中的長條，與它們質量水準的顏色相同，分別是綠色、淺綠色、橙色與粉紅色，或者讓每個範圍的顏色沿著 y 軸上升，但感覺起來太亂或令人困惑，所以我選擇只對標籤進行顏色編碼。

每小時呼吸中止與低度呼吸：堆疊長條圖與計量尺。這裡我只展示結果中的一個資料點，但我們可以看見，將這一個結果放在究竟是好還是壞的比對情境下的力量。考慮參考點很

重要，不要假設最好的視覺化圖表一定包含最多的資料。我可以想像，如果執行多項測試時，每個測試結果也能個別繪製以顯示測試結果的大致方向。

無呼吸持續時間：時間軸。此處有另一個簡單的觀點應該足以說服病人解決他的問題。我只繪製了兩個資料點，平均值和最大值。但看到不呼吸的時間比例的效果，比看到呼吸暫停時間長度的簡單報告要強大得多。我可以想像一分鐘，想到在這麼長的時間裡幾乎沒有呼吸，實際上是會讓人感到害怕的。

你典型的一小時睡眠：時間表。在本例中，我使用資訊創造了一個雖然不是真實，但卻代表平均一小時睡眠時間的內容。如果我有一個小時，或者一整晚的真實資料，我也會將它繪製出來；就每小時發生事件的次數與事件持續的平均時間來說，這條時間軸都具有代表性。這是一分鐘時間軸的變化圖表，它只顯示一次呼吸暫停事件，在那種情況下，我們會想了解一次呼吸暫停是什麼樣子。在這裡，我則想讓你了解，呼吸暫停事件對病人睡眠的長期影響。很難不看出這名病患的中度睡眠呼吸暫停，已經變得多有破壞性。

把觀點證據做成政策提案

你曾經坐著聽過這種簡報，對吧？一個很重要的主題，還帶有大量的資料，結果變成你要不斷瞇眼，試著讀出標記符號後面的文字，或者是忽略簡報，忙著閱讀你前方的紙本資料、在上面寫筆記，順便準備你要提出的問題，而這些問題演講者可能已經說過了，但你不會知道，因為你根本沒在聽。

簡報軟體往往會助長這種災難。因為軟體的預設方式就會提示你輸入標題和標記符號內容。更糟糕的是，軟體讓你很容易導入試算表後，再點擊一下滑鼠，就自動產生視覺化圖表了，也很容易從文字檔案自動轉換成表格，但這些圖表都品質不佳。

一個良好的簡報本來就應該視覺化。正確結合觀眾看見的東西，與你所說的內容，將創造觀眾最佳的體驗。你說話時，不應該有人在看手邊的資料。

在這個例子中，簡報者希望說服人力資源部門改進新手父母的親職假政策。這場簡報充滿了良好的資料和有說服力的想法。好圖表能改變經驗，使提案更具說服力。我們來修改它吧。

我會讓這個例子簡單化到只有一個挑戰：就是讓這場簡報變得有說服力。

1 我們公司與其他公司帶薪親職假比較

- 在一組混合我們產業與一些相近產業約五十家公司所組成的資料中，平均產假為**十六週全薪**，從任職第一年的某個時間便可享有。
- 在同一組資料中，平均陪產假則是**六至七週全薪**。
- 中位數分別為十五週與六週。眾數則為十六與六。
- 與我們相同行業的二十一家公司相較，我們的假期最短，產假為一週全薪加上八週部分薪資，陪產假則為一週。最好的公司提供二十週的產假和十二週的陪產假。

2 我們公司與同業競爭者帶薪親職假比較

最佳				
Co. A	Co. B	Co. C	Co. D	Co. E

	Co. A	Co. B	Co. C	Co. D	Co. E
產假	20	16	18	16	12
陪產假	12	10	6	8	12

良好											

	Co. F	Co. G	Co. H	Co. I	Co. J	Co. K	Co. L	Co. M	Co. N	Co. O	Co. P	Co. Q
產假	18	12	12	8	12	6	12	12	12	12	12	12
陪產假	-	6	4	8	3	6	-	-	-	-	-	-

落後				

	Co. R	Co. S	Co. T	Co. U	A 公司
產假	10	9	8	2	1
陪產假	-	1	2	2	1

3 帶薪親職假對招聘頂尖年輕人才已越來越重要

- 85％美國千禧世代表示，如果公司提供帶薪親職假，他們比較不會離職。
- 80％千禧世代表示，他們留任工作的優先因素，是有沒有具競爭力的薪資與員工福利。
- 帶薪假對這個世代而言，不僅僅是婦女議題，千禧世代有78％為雙薪夫妻，而千禧世代對於夫妻雙方都能工作與育兒的期待，在持續增加。
- 千禧世代將在未來十年內，占美國勞動力的75％。
- 根據一份針對二百名人力資源主管的調查，三分之二的人指出，家庭支持政策，包括彈性工作時間，是吸引與留下員工最重要的因素。
- 根據一份2014年對美國高教育程度的專業父親調查，十人之中有九名指出，在尋找新工作時，雇主是否提供帶薪親職假是重要考量因素，而十分之六受訪者更認為這極為重要。在千禧世代受訪者中，這個統計結果的數值更高。

4 帶薪親職假對士氣與公司文化都很重要

● 對加州二百五十三間公司的研究顯示，每年只有 2 至 3％的員工有請假，此處包含各種理由的請假，不限於 親職假。

● 80％接受調查的公司認為，這種政策至少在成本上沒 有影響，而約有 50％的公司回報，這種政策是有正面 回報的。

● 有競爭力的休假政策，並不會損害生產力或獲利能力：

對下列議題「沒有顯著影響」或「正面影響」	50 名員工以下	50 至 99 名員工	100 名以上員工	所有回答的雇主
生產力	88.8%	86.6%	71.2%	88.5%
獲利能力／績效	91.1%	91.2%	77.6%	91.0%
流動率	92.2%	98.6%	96.6%	92.8%
士氣	98.9%	95.6%	91.5%	98.6%

製圖區

討論區

這名簡報者做足了功課。此處的大量資訊已足以說服我，親職假政策需要修正。但研究顯示，堆疊的證據不見得與說服力的增加成正比。提出一些具有說服力的證據，會更有效。

讓我們來一張張檢視這些投影片。

投影片1：平均比較。把這些直截了當的資料轉換成文字形式，會削弱它的威力。觀眾對資料最常見的一個問題，尤其當這些資料涉及他們的表現時，就會出現「我們是否屬於正常」？或者「我們跟別人比較起來如何？」的問題。所以我把這間公司請假的週數與平均數疊起來做了比較。這間公司的資料有顏色，而各公司的平均值，因為並不是真正的實體，所以用了灰色。與原來的投影片對比，這間公司的缺點在此處更加突顯。請注意，我沒有將其他公司的最後一張標記重點圖表包括在這裡。我覺得在同一個空間裡引入一個全新的比較，有點太多了。這張投影片是關於「我們公司」與平均數值的比較，所以我只放了相關資料。

1 未達平均水準的請假政策

我們公司的可請假日數，比我們行業與相關行業的六十間公司標準低很多。

■ 一週全額薪資
□ 一週部分薪資

平均數　16　主要照顧者　7　伴侶

中位數　15　6

眾數　16　6

我們公司　1　8　1

在簡報中最常見的一個錯誤，就是簡報者試著將更多想法塞進一張圖表裡，或者將多張圖表塞進一張投影片裡，以控制使用的投影片張數。但我寧願用兩張投影片，每一張投影片表達一個想法，或顯示一張圖表，也不要把許多想法塞進一張投影片裡。而最後一個符號標示要點，反映了在下一張投影片中顯示的資料，所以我將它保存下來。

投影片 2（見下頁）：競爭群組比較。我不介意用表格原始的組織方式，但讀數字要比較長短更費勁。所以我回到了上一張投影片使用的混合長條單位圖。代表週的小方塊單位有助於將分子具象化，一個實心的長條可以將這些週數變成一個統計數字，但本圖中的單位則幫助我們將每一週視為總值的一部分。我保留了配色方案，這樣在簡報開展時，觀眾不必想著變數，

他們會知道橙色和綠色代表什麼。一般而言，我喜歡創造最少的對齊點，在此處我還是限制了它們，但你會看見有三個定性標籤向右浮動，分別代表「領先」、「良好」與「落後」。我決定了它們相對位置所傳達的訊息，也就是領先就是跑在前面，而落後也落在最後面，這種方式比讓它們彼此對齊，來得更有價值。

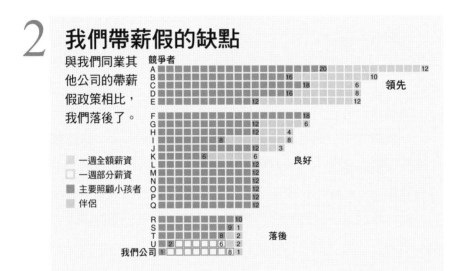

我認為這張圖表還需要加強。它在大螢幕上會很有效。但我擔心如果它被放在紙張或者個人螢幕上，那麼標尺比例跟嘗試讀取一些標籤可能會成為問題。但就算沒有標籤，還是能透露出一個明確的觀點，那就是有三種休假政策，而「我們公司」的政策並不歸類於良好的那一種。

你在展示這張圖表時，可以隱匿「我們公司」的資料，從而製造懸疑感，並邀請觀眾在宣布答案前，猜測公司屬於哪一類別。這是一種讓觀眾投入的有效方法。

投影片 3：年輕人才。我為這張投影片畫了許多版本，但對任何一種都不滿意，所以我決定試著用帶著比例條的簡易清單。我和朋友討論時說過，關鍵是要表現出一種不要模稜兩可的態度。每個長條都顯示，大多數的年輕人才都認為，比較好的休假政策是個好主意。綜合起來，這就成為一連串的證據。

3 年輕人才就職的必要條件
要召募最好的員工，有競爭力的休假政策是必須的。

	10 年內，75％的勞動力將是千禧世代
	千禧世代中，78％將是雙薪家庭
	如果工作有帶薪休假條件，85％的千禧世代可能不會離職
	千禧世代中，80％將帶薪休假列為留任工作的首要原因
	67％人資主管認為，帶薪休假是吸引與留住人才最重要的因素
	60％與 90％的父親認為，親職假非常重要與重要

不過，這仍然需要觀眾大量讀取資料內容。它的格式最接近傳統簡報時使用的投影片。這些長條只是暗示了圖表的模樣，提醒觀眾在它們右方的資料點，例如 78％和 85％，其實已經占了很大的比例。

如果由我來做簡報，我就不會花時間帶觀眾閱讀每一個「符號標示要點」的內容。相反地，我會藉由講出「在所有調查項目中，我們想爭取的年輕人才，都希望有具競爭力的休假政策。」這樣的言語，來說明想法（記住我已經表明，這間公司並沒有提供這種政策）。然後我可能選擇從清單中闡述一或二個符號標示要點。

不過，我能想像，其他人會對這些資料提出不同的處理方法。我很期待看見這些處理結果。

投影片 4：生產力和成本。因為我建立了一個類似「連禱文」（litany）的反覆列舉方式，所以我只好繼續使用這個方法。不斷轉換格式，會迫使觀眾在心中反覆重新設定，以了解他們究竟在看什麼東西，然後才能夠去分析。如果他們看到的是相同的格式，就會立即知道該做什麼以及如何閱讀。在這個針對主題的變體中，我從一個顯示非常低百分比的長條圖開始，這是一個引起大家注意的好方法。他們第一次見到這張圖表時，腦中會想著，**這看來很像，但又不太一樣，究竟怎麼不同？**

4 生產力與成本

有競爭力的休假政策所費不多，也不會削弱生產力。

實際休假狀況很罕見。每年勞工因任何理由而休假的平均比例 2-3%

「有競爭力的休假政策，對下列議題沒有影響，或者有正面影響」生產力：89%

獲利能力／績效：91%

流動率：93%

士氣：93%

有競爭力的休假
帶來正面的投資效益：50%
至少對成本沒有影響：80%

整體而言，透過顯示可能引起預期擔憂的資料，我證明了：這將會讓我們損失金錢。我們會失去生產力。即使現況對休假的人很好，還是會影響績效。

在預料到會出現阻力時，我提出了證據加以反駁。「事實上，它不僅不花錢，還顯示出正面的投資回報，而且至少對生產力與獲利能力沒有影響。」再次強調，在一場簡報中，一次揭示一個疑慮，然後顯示可以將之緩解的資料，會是很有力的方式。

以下是關於這整份簡報資料的一般重點：

1. 不管最初的簡報資料有多麼龐大與複雜，從敘述的角度來
   看，還算是精心打造的內容。它的論點流動很順暢，在每張
   投影片都重新整理，讓重點更清楚時，效果就更好了。論點
   流動大致如下：

   a. 我們公司的休假天數低於平均水準。
   b. 究竟低了多少？我們在角逐最後一名。
   c. 這樣很糟糕，因為有競爭力的休假政策，是招聘人才的重
      要工具。
   d. 我知道你對採取更具競爭力的休假政策有些顧慮，所以讓
      我就其中一些議題進行報告。

2. 請注意每張圖表的標題與副標題，在整張投影片中擔任的角
   色是一致的。當你在簡報軟體中建立一張投影片時，它通常
   會提示你製作標題，接著就是製作符號標示要點，於是你便
   不假思索地照做了。接著你又貼上一張有自己標題的圖表，
   於是就製造了混亂和重複。其實不必如此。圖表就是重點！

3. 這可能很難相信，但我們並沒從原始投影片中遺漏太多內
   容，這是個很有價值的提醒，你可以清楚呈現許多資訊，如
   此一來就不會讓人覺得有太多資訊。這使得它更具說服力，
   因為觀眾可以更輕易地了解與思考你的主張。

第五章

掌握概念式圖表

就算是令人懷疑、不可信的商業計畫，

若是讓人看見其良性循環，看起來都會是可靠，甚至聰明的。

——賈迪納・摩斯（Gardiner Morse）

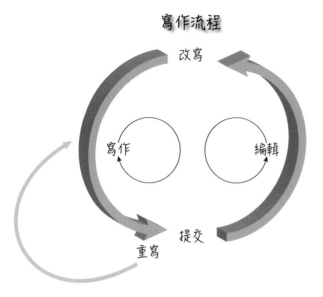

寫作流程

改寫

寫作　　　編輯

提交

重寫

成功的
連體三角

製　造

工
程　　　協　　　業
　　　同　　　務

成　長

商業策略

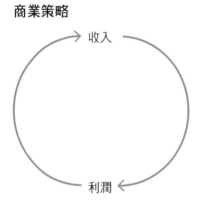

收入

利潤

溝通策略

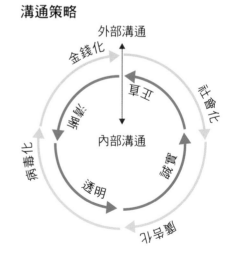

外部溝通

金錢化

社會化

動員

草五

病毒化

內部溝通

誠實

透明

簡化

在《哈佛商業評論》（Harvard Business Review）中，我們把那些顯示循環和其他俐落但毫無意義的流程圖稱為「垃圾圈」（crap circle），這是由資深編輯賈迪納・摩斯（Gardiner Morse）創造出來字眼。顧問經常兜售這些看來可愛又永遠有效，卻缺乏實用性的垃圾圈。它們的結構可能簡單、複雜，甚至是巢狀的！

你以前見過這些，對吧？要諷刺這種無效的作為是很容易的，HBO 在《矽谷》（Silicon Valley）影集中，就很出色地製作出一張「成功的連體三角」（Conjoined Triangles of Success），但理解這種圖表為何存在，而且頑強的存在，卻是很重要的。垃圾圈代表著圖表視覺化中一種更困難的挑戰，那就是非資料的視覺化。概念圖不受統計資料的約束，這意味著它們根本不受約束。沒有軸線或資料點，你可以自由漫遊。找到一個你喜歡的比喻，一個環圈、一個目標、一個螺旋、一個漏斗，或者一艘下沉的船，然後你就可以把這個比喻放進視覺圖表裡。你可以添加任何你認為有助於解釋概念的東西。任何從事過手工藝創作，不論是寫作、櫥櫃製作或者烹飪的人都知道，不斷增添東西，然後希望能得出對的東西，要比只產出對的事物容易得多。跟編輯相比，我們是更自然的創作者。

但如果你能學會自我編輯，概念圖就是一個強大的工具。在最好的情況下，它們造就了清晰度，並對抽象想法創造出讓人難忘的呈現。舉例來說，我可以試著解釋不列顛群島、大不列顛、英國、愛爾蘭，與所有其他與英國有某種政治關係的地方之間的關係，但這並不容易。我也可以在下一頁直接展示給你看。

英國與愛爾蘭

了解英國與愛爾蘭共和國的政治與地理疆界

—— 政治疆界
—— 地理疆界

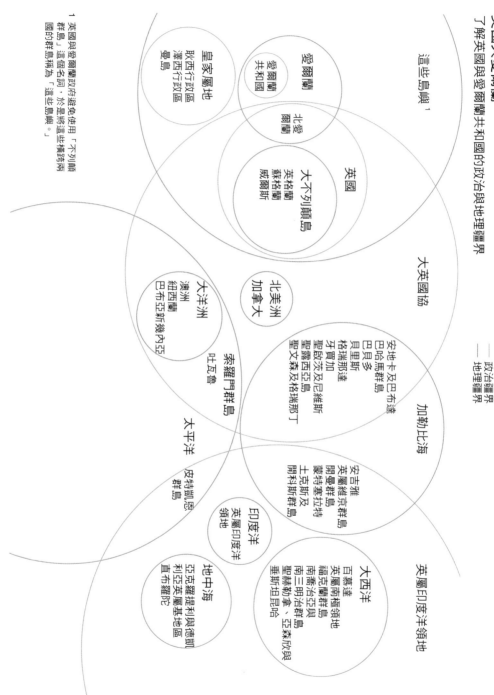

這些島嶼¹

大英國協

愛爾蘭共和國
愛爾蘭

北愛爾蘭

英國

大不列顛島

英格蘭
蘇格蘭
威爾斯

皇家屬地
澤西行政區
耿西行政區
曼島

北美洲
加拿大

大洋洲
澳洲
紐西蘭
巴布亞新幾內亞

索羅門群島
吐瓦魯

太平洋
皮特凱恩群島

加勒比海

安地卡及巴布達
巴哈馬群島
貝里斯
格瑞那達
牙買加
聖啟茨及尼維斯
聖露西亞島
聖文森及格瑞那丁

安吉雅
英屬維京群島
開曼群島
蒙特塞拉特
土克斯及開科斯群島

印度洋
英屬印度洋領地

英屬印度洋領地

大西洋

百慕達
英屬南極領地
福克蘭群島
南喬治亞與
南三明治群島
聖赫勒拿、亞森欣與
垂斯坦昆哈

地中海
亞克羅提利與德凱利亞
英屬基地區
直布羅陀

1 英國與愛爾蘭政府避免使用「不列顛群島」這個名詞，於是將這樣跨兩國的群島稱為「這些島嶼。」

你需要時間來消化這張圖表，它一點也不適合在簡報時使用。但就這個脈絡而言，只要你的目光有時間將資料連結與學習，這會比文字更清楚與有效，因為使用文字時，我必須解釋各種政治和地理關係。

　　當你想製作概念圖時，試著遵循下面這些準則。

1 **避免混合比喻**。顯示行銷漏斗的圖表，就不該使用循環圖。如果你的概念視覺圖的標題是「通往成功的梯子」，那圖表中就不該顯示樓梯。將一個概念命名為某樣事物，卻展示另一樣事物，是出人意料的常見錯誤。這在寫作中也很常見，所以在直接觸及一個想法之前，先繞著主題打轉，可能也是創作過程的一部分。我曾經看到一幅名為「敲擊所有正確音符」的概念視覺圖，顯示的是一系列由鼓代表的東西，但鼓顯然不會真的敲擊出音符。這名資料圖表化作者，顯然在考慮音樂與敲擊，然後就做出那張圖了。一旦確定了一種視覺呈現方式後，關鍵就是要確保這個比喻有用。

2 **克制衝動**。想修飾概念圖表的衝動，就像在創意寫作中，想大量使用形容詞的衝動一樣。你可能認為你是在讓它變得巧妙，實際上卻只是讓理解它變得更費力。為了想著色而使用顏色、將物體不必要地做成立體化，以及使用美工圖案等，其實你不需要這麼做。任何不能積極支持要表達的想法的東西，都只會分散注意力。努力讓你的概念清楚，這樣就夠了。

3 **不要完全照字面製圖**。當你的行銷計畫包含一個漏斗圖，並不代表你需要展示一個真的漏斗。如果你的想法涉及一座山谷，你也不必展示一條流經山谷的河流，或沿著河岸邊的樹木。你覺得荒謬？或許吧。但人們經常明確地將比喻變成圖示，只為了確保觀眾能夠理解。最近有名同事發給我一張概念圖，上面有一個漏斗，還有一些以簡筆畫畫出來的火柴人顧客從漏斗跌過去。請避免這樣做。請用形狀和空間來暗示你的想法。一個倒三角形可能就足以表達一個漏斗或一座山谷了。垂直堆疊的平行線，也足以表達梯子了。

4 **謹守慣例**。就像統計圖表一樣，直觀推斷很重要。時間軸通常還是從左向右移動。紅色代表熱或危險。綠色則是好或安全。位階則是自上而下。我們的頭腦對這些想法如此熟悉，改變它們就變得有破壞性。但如果沒有資料來防止你曲解事情，你可能還是會受到誘惑。盡量利用慣例來幫助你，而不是擾亂它們的用法。

這是另一個你可以用在概念圖的慣例，那就是統計圖格式。即使你沒有資料，軸線和線條或比例條也可以有效利用，因為觀眾會知道軸線上越高的位置，意味著更高的數值，或者比例條顯示著一個大類別和一個小類別，哪怕這兩者之間的關係非關統計學，仍然意味著「很多這個，但沒有很多那個。」但如果你使用這些方式，一定要在圖表中添加一個免責聲明：「僅為概念性，而非統計結果。」

5 **自我編輯**。編輯是另一種約束形式，這是製圖中一種最重要卻最不受重視的技能，尤其在概念圖上更為嚴重。決定減少傳達的資訊量，是很困難的。我們總是希望盡量多多傳授知識，因此限制你提出的想法，違背了這種天性。然而，和寫作一樣，編輯圖表既是必要的，也是有益的。觀眾不會想念你沒有展示給他們看的東西。更重要的是，要讓他們投入並幫助他們理解，當你清楚而有效率地溝通一些想法時，這通常更容易實現。

6 **額外專業提示：少用箭頭**。不管原因是什麼，我注意到在概念圖中往往都會過度使用與誇大箭頭。它們通常很長，或者有多個轉彎處，或者像緞帶一樣扭曲。帶著肥頭的短箭頭。小頭而細長的箭頭。帶有漸層顏色的箭頭。甚至還有從中心發出多個指針的箭頭，看來像某種神話般的圖表怪物。我不知道大家為什麼這麼做。也許因為箭頭有時是圖表上最吸引人的東西，而且不用箭頭，圖表就充滿了文字。如果你能讓箭頭盡量短一些，盡可能不要彎曲跟扭轉它們，並且讓它們維持比例的話，你的概念圖表將會更乾淨、更明快。

概念式圖表練習

1. 找出讓這張圖表難以使用的三個元素，並畫出顯示生物分類系統的替代方案。

種
屬
科
目
綱
門
界
域
生命

2. 你想顯示體育愛好者和嘻哈愛好者都購買昂貴的運動鞋，體育愛好者和退休專業人士都購買高檔電視，而退休專業人士和嘻哈愛好者都購買黑膠唱片。你會如何呈現這些關係？

3. 繪製一個新版本的經典採購漏斗圖，刪除所有你認為無關的元素。

4. 馬斯洛的需求理論是理解人類動機的框架。它描述了人類的需求，從最大且最基本的需求，到更具體且更高層次的需求，而高層次需求只有在基本需求得到滿足後才能滿足。這六個需求等級，從最基本的開始，排列如下：

1. 生理需求
2. 安全需求
3. 歸屬與愛
4. 尊嚴
5. 自我實現
6. 自我超越

下列哪一個是適合表達馬斯洛需求理論的概念形式？

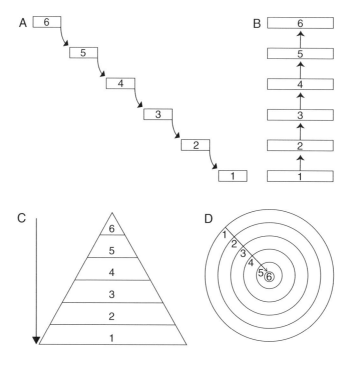

5. 你想為你的部門設計一張組織結構圖。畫出一個基本分組方法，包括下方列出的每個變數，以及直接與間接的管理關係。用你喜歡的方式來歸類委員會和小組。

二名經理人

五名員工

二名承包商

二名來自其他部門的聯絡人

二個委員會

四個專案小組

6. 耶克斯－道森法則（Yerkes-Dodson law）主張，不同任務需要不同程度的「激勵」，才能達到最佳表現。我們已經知道，對於簡單或熟悉的任務，更多的激勵可以造就更佳的表現。但對於複雜或不熟悉的任務，表現會隨著激勵增加到一個程度，然後隨著激勵持續增加，焦慮感將會出現，而導致表現穩定下降。畫出一幅傳達這兩種想法的耶克斯－道森法則圖表。

7. 指出降低這張二行二列矩陣圖清晰度的因素，然後畫出一張改進版本。

決策範疇

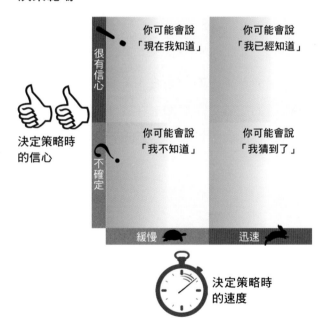

8. 你要如何將這張表格轉化成一張概念視覺圖？

	呼吸空氣	會游水	有鰭	有腳
山雀	X			X
黑猩猩	X			X
狗	X	X		X
鴨子	X	X		X
蚯蚓	X			
水母		X		
牡蠣				
海葵				
海龜	X	X		X
鯊魚		X	X	
蝦		X		
蜘蛛	X			X
石蟹				X
水蝮蛇	X	X		
鯨	X	X	X	

9. 你想製作一個產品生命週期的概念示意圖，顯示導入期的低銷售額，成長期的銷售額增加，在成熟期達到峰值，而在最後階段則衰退。你會選擇哪一張示意圖？

A 產品生命週期

| 導入期 | 成長期 | 成熟期 | 衰退期 |

銷售額

B 產品生命週期

導入期

衰退期

銷售額在導入期與成
長期快速增加,在成
熟期達到顛峰,然後
在最終階段迅速衰退。

成長期

成熟期

C 產品生命週期

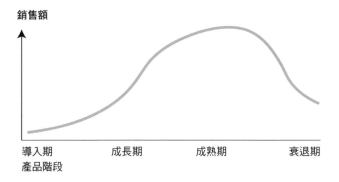

銷售額

導入期　　　成長期　　　成熟期　　　衰退期
產品階段

10. 找出三個讓這張概念圖很難用的元素，然後重新設計，以提高清晰度。

專案狀態

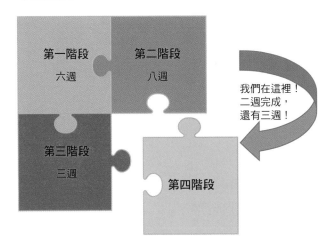

討論區

1. **生命被放在最下方**。目前還不清楚這些圖案的形狀，但它們看來已經像是漏斗，讓整張圖的階層方向變得令人困惑。生命是最大的範疇，包含其他所有類別，但這些子範疇卻「往下漏」變成生命，這有點奇怪。由於漏斗越往下就越狹窄，所以應該是生命往下篩漏成動物，然後再篩漏成脊椎動物，以此類推。就算我們假設這些不是漏斗，這張圖還是很難理解，因為所有類別都用相同大小的形狀來代表，而且都沒有

形成子集合。我們在此處有些很好的比喻，生物分類可以用漏斗來比喻，或者一座金字塔，而且每個類別都是上一個類別的子集合，所以它們是巢狀結構。但這張視覺圖表卻沒有善用這些想法。

彩虹顏色。辨識每個類別沒有問題，但這麼多顏色除了吸引目光外，就想不到還有什麼其他目的了。彩虹顏色也是由濃至淡排列，但為什麼這樣安排？舉例來說，綱與目屬於同色系，這讓我認為，它們之間的關係比科與目之間的關係更緊密。生命和域看來被分到一組，界與門以及綱與目也是，而最上方的三個類別則比較特殊獨立。為什麼？我猜製圖者決定使用彩虹色來配色，但後來必須將顏色稍微延伸使用，因為這裡有超過七個類別。

那些點。顯然那些點是要顯示，每個不同的分類層級擁有不同數量的元素。生命這個階層只有幾種生命，所以它的點數量較少。但科中包含許多生物，所以這層的點數量較多。這張圖表是概念圖，而非統計圖，但因為我能輕易數出點的數量，我會以為它們是要代表某些數據。我注意到了這些點，但我卻不了解它們的意義。

我沒有使用顏色來吸引注意，而是使用斜移空間（angled space），我認為它足以吸引注意力，但又有其意義，不像彩虹圖沒有重點。向下縮小的圖形暗示篩選至較小且更具體的領域。請注意，整張視覺圖都是封閉的，因此製造出這些個體都不是不同的，而是更大群體的子集合。增加一個例子，就能協助說明概念。

我的重新製圖刻意使用樸拙的簡單形式，基本上就是以某個角度衍伸出去的表格。我考慮過其他格式，巢狀結構圓形圖或者反向金字塔。但我在這兩者都遇到困難，巢狀結構圓形圖感覺太複雜，在視覺上也太忙碌。反向金字塔差點就適合了，但最終要下降到金字塔尖端那個「點」產生了標示困難，因為空間變窄小了。於是我選擇一個有反向金字塔味道，但卻有足夠空間供標籤使用的設計方式。

如果你搜尋一下，就會找到生物分類系統與其他「金字塔」系統的幾百種設計方案。許多甚至使用立體觀點來設計，但卻沒有效果。那些不同層級往往還錯誤的使用五顏六色。試著想出好用但不過度設計的方案，是在克制這個議題上很好的練習。

生物分類與例子

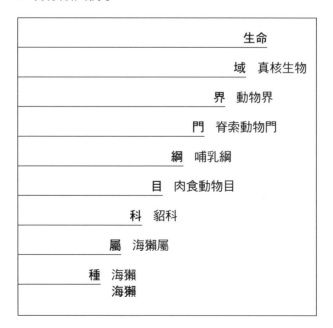

2. **重疊**這個單字，讓我立刻選擇使用范恩圖。范恩圖很難做好，因為它們很容易設計。這使得它們被過度使用和錯誤使用。只將圓形重疊，並不會在這些圓形中包含的變數之間建立關係。必須有一個共同點，才適合使用范恩圖。還有，過多的重疊，會造成拼接圖的顏色混合。當這種情況發生，吸引目光的元素變成了動態顏色，而不是重疊區塊中的資訊。在這裡，我維持使用簡單圖表形式，以因應這些非常簡單的訊息。完全不需要使用顏色。

不同的市場區塊，相同的興趣

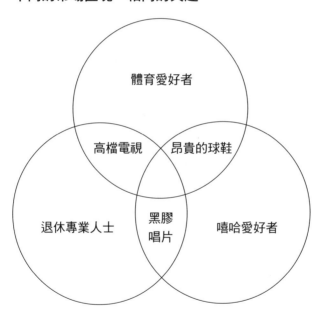

3. 像漏斗圖這樣的業務流程範本，很容易找及使用。它們很能吸引目光，但不見得有助於傳達想法。這個漏斗圖中的無關

元素，包括暗示它的三維度立體處理與光彩，但這可能造成不需要的文字敘述。漏斗旁邊的線條大概是用來標示標籤的，這也是不必要的。與漏斗相鄰區塊的文字，就會清楚地被認為是屬於這些區塊。更好的處理是把這些文字直接放在漏斗上，這是另一個刪除立體效果的原因。顏色可能也是不必要的。即使你確實需要顏色來區分，這也會迫使你分成五個不同類別。有時漏斗還有群組，例如在頂部或在底部，這就需要更多的互補色。

本著克制和控制的精神，我盡量簡單重新構思了這個漏斗。我只用了六行來表達同樣的想法。這仍然建議範圍要縮小、包括區塊，而且可以把標籤做得很優雅。如果顏色是必要的，它可以很容易地用到水平區隔線。假設這個標題是「我們的業績漏斗圖」，對於它所代表的事物，就不會有疑惑了。這是一個很好的例子，說明了為什麼不需要花太多功夫，就能清楚傳達一個比喻。概念真的不需要過度設計。

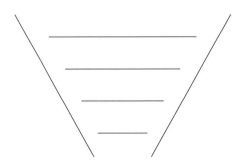

4. 答案：D。這又是一個金字塔！大多數的線索已經在問題的遣詞用字裡了。「最大、最基本的需求」這些字眼，讓我們想到空間和基礎。基本這個字畢竟來自於基礎。所以我們喜歡第一個需求必須有一個較大底部的想法。然後我們提升到「更高」的層次。你也可以透過消除法而得到 D。選項 A 是一個瀑布圖，但問題的描述並沒有暗示我們是掉向自我超越，而且它沒有需求的「大小」標尺。選項 B 正確地向上遞升，但問題仍然是所有的需求大小都一樣。選項 C 很誘人，基本需求確實更大，而且瞄準最高需求的概念也很有吸引力。但向下的箭頭與更高需求的想法背道而馳。如果標籤和箭頭都從底部開始指向上方，這個選項可能就正確了。不過，從比喻的角度來說，目標並不完全是層次結構，而且考慮到我們有表達層次結構更好的選擇，我還是使用金字塔。

5. 組織圖的架構已經設定得很好了，我不需要重新設計。我堅守表達關係的基本原則，組織中同層級的人在圖表中也處於同一平面。更高層級的人則顯示在更高階。實線表示直接從屬關係，虛線表示間接從屬關係。在聯絡人方面，我選擇用曲線來表達這種關係是直接的，但不是管理上的從屬結構。我本來可以在這張圖表中創造許多不同的單位。例如，經理和員工的外框，可以有不同的形狀、重要度或大小。但每個額外的形狀或變數，都會讓讀者思考它所代表的內容。所以我在此處只使用兩種外框，那就是員工和承包商。我也很小心地讓線條盡可能短一點。細心的觀察者會注意到，我也遵

守慣例。直屬管理關係線總是從外框的頂部和底部進入和退出，而間接管理關係線則總是從側面進入和退出。這種一致性有助於讓圖表更易懂，那怕閱讀圖表的人說不出原因。

至於專案小組和委員會，我使用簡單的標籤，而不試圖創造視覺關係圖，因為只要我動手繪製它們，很快就會變得混亂。我對顏色掙扎了一些時間，但還是決定保留它，因為它比一切都是黑色的狀況下，更容易跳出來讓人看見。我希望讀這張圖表的人，會習慣把 B 專案小組看成紅色專案小組。但透過使用數字與字母，我也考慮到了這張圖表可能以黑白兩色列印時的情況。

組織架構圖

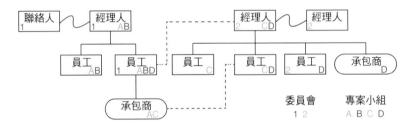

6. 即使在沒有資料可繪製的時候，你還是可以使用資料風格的圖表種類來傳達概念。使用慣例來幫助你，紅色意味著危險，綠色則意味著安全。圖表類型本身就是你可以利用的慣例。大多數人都知道，向上與向右的線條通常是有相關的，散布圖中的一個離群值，則表示「這個東西和其他的不同。」你可以使用慣例來表達概念，就像我在這個例子中所

做的。我沒有資料可以繪製圖表，但如果我可以，或者確實繪製了圖表，資料可能就會是這樣的。仔細閱讀最初挑戰的文字，就會發現文字已經清楚地反映在圖表中了。

原始的耶克斯－道森法則曲線

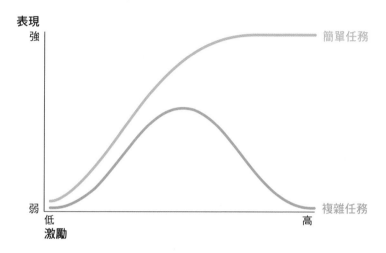

如果你確實養成了使用統計圖表類型來表達非統計資料的習慣，那麼一定要清楚地將它們標注為「非統計資料」，以免有人認為圖表中有實際的資料。

7. **標題**。我們混合了比喻，這不是一個複數光譜，而是一個由兩個光譜交叉而成的矩陣。
   美工圖案。一般來說，像這樣的使用圖案是不必要的。在本例中，它們造成了雙重沮喪感，因為它們不僅是多餘的裝飾，而且它們的尺寸大到壓過了應該修飾的標籤。

象限標籤。重複使用「你可能會說…」在這裡沒有幫助，引號已經足夠了。另外，為什麼標籤放在象限的右上角？這是否意味著，在象限內某些特定位置上，這些引用的話能夠適用，還是這只是一個華麗的設計？

象限顏色。也許這個圖表製作者想將每個象限用漸層顏色塗滿，藉此強化光譜的概念。再次強調，我們不清楚這是否能起作用。這似乎暗示著，當你在每個象限裡向右移動時，這個空間內就會發生變化，但實際上卻沒有。此外，棋盤的顏色也讓人困惑。為什麼「我已經知道」跟「我不知道」這些光譜兩個極端的陳述，卻使用同一色系，而另外兩個陳述則與它們用對比色？這無法幫助我們理解。它只會製造問題。為了改進這張圖表，我首先刪除了所有會吸引目光，但對故事陳述毫無幫助的東西，包括美工圖案、多餘的文字和漸層顏色。然後我在每個象限使用不同飽和度的單一顏色，因為這個矩陣中已經嵌入了一個光譜。它從自信／快速做決定，線性移動到不自信／緩慢做決定。越不確定與越慢做決定時，顏色就變得越來越輕。最後，我更改了標題，以便更能反映這個矩陣。

除了編輯之外，我幾乎沒有做什麼，讓這張圖變得更好的大部分因素，歸功於我移除的東西，而不是我改變的東西。

四種做決策的風格

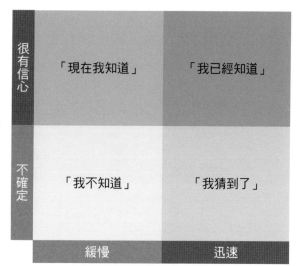

8. 有許多特色這種狀況，讓這張表格很適合改成范恩圖。雖然范恩圖免不了產生一些「浮動」，但只要對齊就能解決問題。任意放置元素會創造無序感。本例中的對齊點，讓每個群組感覺更像一份清單。顏色也扮演了微妙的功能，藍綠色家族的圓圈，是動物做的事。而紅橙色家族的圓圈，則是牠們擁有的東西。

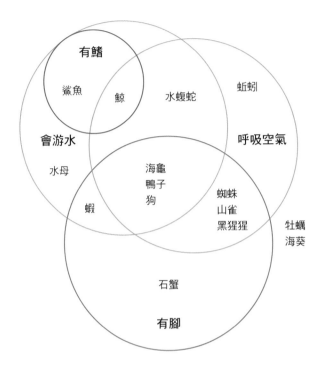

儘管這個挑戰是將表格視覺化，但根據不同內文脈絡，設計良好的表格，效果可能同樣令人滿意。如果你希望觀眾能夠先看見單個項目，然後再查看它們的功能，那麼表格可能是更好的選擇，不過它不是很容易查看哪些項目共同享有哪些功能。圖表能更快地顯示功能，以及哪些項目享有這些功能，但要查找單個項目，並查看其所有屬性，就不是那麼容易，尤其是當項目數量很多的時候。

9. 答案：C。儘管有「生命週期」這個詞，但這個概念並不是真正的週期。這裡的產品生命結束，並不會啟動一個新的開

始。生命週期是一個具有開始、中間和結束的過程。這就排除了選項 B，這是一個真正的循環，衰退期指向了「導入期」，但它並不會伴隨著「衰退期」自然產生。此外，時間的影響力被降級成中間的文字。選項 A 使用了正確的形式，但聰明過頭了，各階段用方塊來顯示是可以的，但用人類年齡的老化當成比喻，卻讓人感覺不相關，甚至不合適。但有時圖表就會如此修飾，因為替代它的選項 C 看來太簡單了。要抵制誘惑並相信簡易的答案。

10. **顏色**。我們還不知道為什麼紅色會隨著階段演進而變暗，以及為什麼第四階段是完全不同的顏色。還有，紅色一般代表風險或危險，而綠色則代表安全。在專案狀態更新的脈絡中，這可能讓人感覺紅色階段是有風險的，而紅色最深的地方風險最大。

    箭頭。它的緞帶風格引起了注意，卻壓過了說明文字，可是說明文字才是關鍵想法。另外，雖然它的本意是在沒有原點的情況下浮動，但它看起來像是源自第二階段，但這是不合理的。

    比喻本身。拼圖是常見的表示手法，但在此處並不正確，因為專案的各階段並不彼此相扣，而且第三階段也沒有連接到第二階段，儘管邏輯上它們一定是先後相連的。隱藏在眼前的就是一個更好的概念比喻：時間軸。

    將週數轉換為區塊單位，就能讓各階段之間的差異更清楚。當你必須在其他上下文中再次使用各階段時，也可以在後面

的視覺圖表中再用這些顏色。沒有填滿的方塊和沒有完成的工作，兩者之間的相當性已經足夠清楚，我認為，在「我們在這裡」之後，已經不需要標籤。

專案時間軸

展現全貌的景觀圖

　　我們經常想將全貌展現出來，卻很難做到。它包含了許多想法、長的時間軸，以及廣闊的領域。景觀是一個空間中的所有面貌，而且宏大到足以暗示我們想展示的東西。有移動景觀、零售景觀，還有這裡展示的物聯網景觀。想要正確掌握景觀，需要紀律、編輯，以及對清晰的敏銳專注力。最簡單的方法就是試著創造一個包含所有內容的完整景觀。但這個方法卻很少達到最好的結果。我們來動手吧。

物聯網景觀圖

資料來源：高盛環球投資研究

1. 在沒有其他前後文脈絡的狀況下，盡可能描述這張物聯網景觀圖展示了什麼。

2. 以下是高盛（Goldman Sachs）研究分析師西蒙娜・詹科夫斯基（Simona Jankowski）在《哈佛商業評論》網站（HBR.org）上發表的一篇文章的摘錄，並附有這個連結所展示的概念視覺化圖表。[5] 在這個文字脈絡下，請找出你可能調整上面圖形的方法，並依照下列文字畫出新版本。

物聯網正以網際網路發展的第三波興起。固定網路於 1990 年代興起，透過個人電腦連結了十億人口，而二十一世紀興起的行動網路，則透過正要邁向銷售量六十億支的智慧手機，連結了二十億用戶，而物聯網則預計在 2020 年，可以將二百八十億個物品連結到網路，這些物品包括智慧手錶這樣的穿戴裝置，到車輛、家電跟工業設備等。

我們專注於五個將率先測試物聯網水溫的關鍵垂直領域，也就是穿戴裝置、連網車輛、連網家庭、連網城市，以及工業網際網路。

汽車隨著新款式問世，都具備連線功能，這些功能包括娛樂資訊、自動導航、安全駕駛、自我診斷，以及車隊管理系統等。連網家庭可能是物聯網下一個最明顯的試驗領域，在這個領域發展的重點，包括保全攝影機與廚房家電，以及透過智能控溫與空調系統，降低能源使用及成本。

---

5 請參考西蒙娜・詹科夫斯基於 2014 年 10 月 22 日於《哈佛商業評論》網站發佈，題為《物聯網真正重要部門》（*The Sectors Where the Internet of Things Really Matters*）的文章。

至於連網城市方面，美國正逼近一億五千萬總終端連結點的50％市場穿透率。歐洲的目標，則設定在二〇二〇年要在80％家庭裝設智能電表。智能電表與電網結構，為未來更進一步的連網奠定了基礎，這些未來連網應用，包括智能街燈、停車費計時器、交通號誌、電動車輛充電，以及其他各種應用。

工業界的物聯網商機，可望在二〇二〇年達到二兆美元，將影響業界三大主要領域：建築自動化、生產以及資源。工廠與工業設施將運用物聯網改善能源效率、加強遠方監督與控制實體資產，以及提高生產力。

3. 根據這篇文章的文字內容，想出另一個簡單的概念圖表，將它繪製出來。

製圖區

討論區

使用景觀圖最簡單的事,就是把它當作寫實主義的風景畫,其中包括前景、中景,以及背景。還有小細節。這通常會產生雜亂又讓人困惑的圖表。一個常見的例子就是「品牌景觀圖」,它把數十間公司的商標扔進一個頁面,然後用某種組織分類原則,來展示一個行業中的所有參與者,例如行業中低階公司與高階公司的比較。

我很讚賞這張物聯網的景觀圖,因為它避免了許多景觀圖的命運,但我懷疑它是否矯枉過正,因為有點過度簡單,又變得不清楚了。

1. 由於沒有其他資訊可以參考,我猜測,我們看的是物聯網各種類別的市場規模。這就可以說明那些向外擴充的圓圈。最大的圓圈代表物聯網景觀的整體,較小的圓圈則代表市場的子集。但這仍然不能解釋逐漸飽和的藍色,我猜測這只是為了區分每個子集所處的空間。

   這看起來可能像是種不公平的提示,因為要我們在沒有完整資訊下解釋一張圖表,但它還是很有用的。讓朋友看一張沒有任何文字脈絡的概念圖,再問他們看到了什麼。你不該期待他們馬上就能看懂,但這個過程會暴露出圖表的弱點。他們可能會一直看到你無意讓他們看到的東西,或者會錯過你想讓他們立即看出來的東西。我在這張圖表上就是遇到這種情形。

2. 跟著這張圖表的文字，揭露了一個我本來沒有留意的時間元素。不僅是市場整體在成長，還有現有與潛在的市場大致上都在向外擴充，雖然不盡然如此。有些區域已經部分開發，有些則還沒有開始。我會考慮更明確地處理時間，看看我是否能找到方法，來呈現在垂直領域中的現有事件與未來將會發生的事件的重疊性。2020 年似乎是一個很適合當作我的「未來點」的基準年份，因為它被提起了兩次。

我發現一件事很有趣，那就是這篇文章稱它們為「五個關鍵的垂直領域，」但卻用圓圈來代表那些垂直領域。我會嘗試使用其他方法來顯示這些不同領域。

文中提到了具體的終端連結點和潛在市場規模，但我可能會避免在我的概念圖中這麼具體。我可能會嘗試有資料點和沒有資料點的版本，但我最初的想法是維持概括性，因為這些數字聚焦於未來，而且既不全面，也不一致。並不是每個垂直領域都包含估計值，而且有些估計值是終端連結點數，其他的則是金額。這些文字呈現可能會變得很雜亂無序。

你在這裡讀到的是建設性的評論，你可以也應該將之應用在你的圖表和其他方面。聽來幾乎像是在我腦中繪圖，實際上也是這樣。我對自己看到的事物反應迅速，不會過度思考。我掌握到自己說的一些內容，並在文字中圈出關鍵字，然後畫出替代方案。這是一個值得養成的習慣。正如優秀的作家也是厲害的讀者，優秀的圖表製作者也是厲害的圖表使用者。練習確實有幫助。

我沒有做太大的改變，因為同心圓是一個很強的起點。但我認為，它提高清晰度的程度足以稱為是個進步。藉著增加軸線標籤，我清楚顯示了形狀的大小代表的意義。這個區分有助於闡述物聯網景觀的整體發展。成長部分的重疊是刻意的，顯示各領域間的相互作用和相互關聯性。最後，藉由使用水平空間，我在景觀圖中創造了空間來增加資訊，例如每個垂直領域中可以發展的應用。

物聯網景觀圖

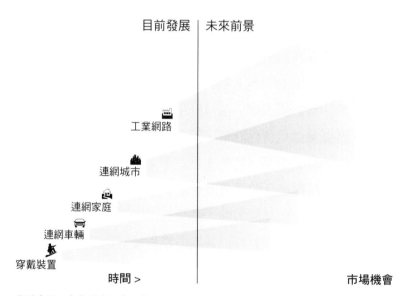

資料來源：高盛環球投資研究

改進不一定是在概念圖中添加更多細節。有時只要一些正確的細節，就能將它從過於局限和模糊，轉變為俐落而清楚。

3. 我在文章中看到許多繪製概念圖的機會。我認真考慮過畫一張有五個圓圈的范恩圖，代表五個垂直領域，並將各種應用與利益都包含在內。但我就是無法放棄將第一段文字做成視覺圖的念頭。波浪的比喻突然出現，而所有視覺化的元素也都在眼前。這裡還有一些資料，因此在某種意義上，這是一張混合概念統計圖。我認為它更偏向概念性，因為我們並不真的知道實際的成長曲線會是怎樣，我們只知道在最終端點的比例差距。我並沒有創造真實數據的曲線，只是估計了平滑成長看起來會是如何。我也沒有標注 y 軸，因為此處真實的數字沒有每一波的成長率重要。最重要的是，我在底部指出，這張圖是概念性的。最終的結果是一張簡單的圖表，你可以看到三個波段，其中一個已經準備向我們迎面撲來，我在標題中也加強了這個想法，見下頁。

第三波網際網路是一場海嘯風暴

數十億個連結

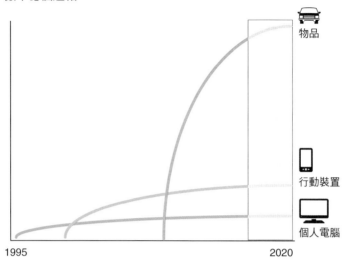

物品

行動裝置

個人電腦

1995　　　　　　　　　　　　　　　2020

備註：比例精確的概念示意圖
資料來源：高盛環球投資研究部門

層級與時間軸兼具的圖表

業務簡報中最常見的兩個比喻：層級和時間軸。服務有層級之分，組織也有層級，影響力也有層級，甚至還有層級定價模型。策略隨著時間展開，計畫和產品也隨著時間鋪展，公司的歷史則是一條時間軸。你看吧，收入圖表是一條時間軸，隨時準備標註影響趨勢線的關鍵事件。在某個階段，你會被要求解釋一些層級模型，並繪製一條時間軸。如果這些常見格式能有一些有效的策略，將會很有幫助。

這裡的兩張投影片簡報展示了層級和時間軸，這是某個商業簡報的一部分，對象是一間正在考慮投資業務訓練計畫的公司。這些投影片很完整，但有效嗎？兩張都暗示了層級，而第二張勉強朝著視覺化的方向小幅前進，但我認為我們還可以做點改進。我們來修改它吧。

1. 將第一張投影片中的想法形象化。隨意使用投影片中的資訊，數量不拘。
2. 評論第二張投影片中的時間軸。找出你認為有效的元素、你認為無效或令人困惑的元素、你會添加或改變的東西，以及你認為值得掌握的其他想法。
3. 利用概念視覺化圖表重製這個簡報。使用你認為為了達到效果而需要的投影片，數量不拘。

業務人員訓練計畫提案 — 接觸組織內多個層級

高階業務領導能力系列（2017 年 10 月至 12 月）

高階業務
領導者
（約 10 人）

- 為組織中最資深的成員提供高接觸密度的專屬活動，並提供優良住宿
- 五天面對面度假中心講座與課程結束後的二日面對面聚會
- 課程包括講座、小組活動、策略制定、人際網路建立和輔導

業務管理人員專案（2018 年 1 月至 6 月）

業務團隊
菁英份子
（約 25 人）

- 針對高業績業務人員的沉浸式學習課程
- 幫助建立高階領導人員培育管道
- 三天面對面研討會與課程結束後的一日面對面聚會，其間並安排虛擬學習

業務團隊能力開發（2018 年 2 月至 2019 年 1 月）

業務團隊
人員
（約 100 人）

- 大型團體適用的虛擬學習模組與自我主導研究學習
- 包括現場講座、可搜尋資料、學習材料與視訊課程
- 四週虛擬課程方案

業務人員訓練計畫提案 ─ 建議時間軸

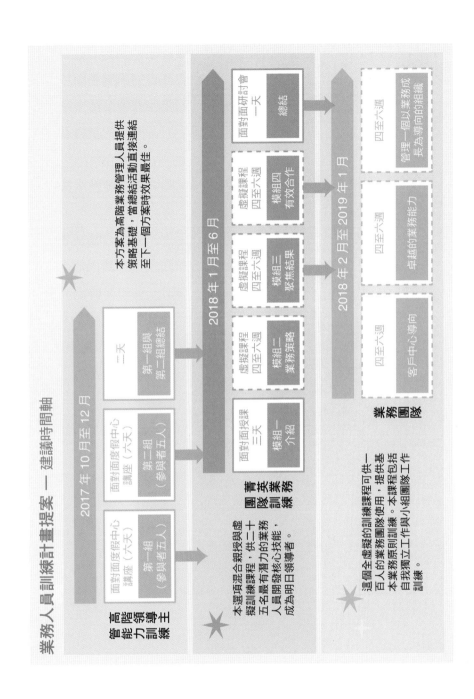

製圖區

討論區

業務是高風險遊戲。傳達資訊以促成一筆交易的強烈壓力，可能造成資訊過量。雖然將所有資訊包含在內，可以確保你容納了所有正確資訊，但卻容易適得其反，因為它可能像這個例子一樣，造成投影片資訊過多，負擔過重。呈現這些投影片，等於邀請觀眾閱讀，而不是聆聽。但儘管看來好像不太可能，但你仍然有一個好的出發點，你有很強的比喻點來構建概念圖，而且資訊雖然表面看來紊亂，卻很有條理。

1. 如果你研究第一張投影片就會發現，其中有很多結構性的想法。內容是有層級的，就像前面有符號標示的要點一樣，而文字內縮的編排方式也暗示組織裡的不同階級，幾乎像是圖表製作者在想著要做一張組織圖。業務團隊向菁英業務團隊彙報，而菁英業務團隊則向執行團隊彙報。

   但是文字卻違背了這個階層關係，因為當你往下降低層級時，人數卻會增加。不一樣層級的隊伍，卻使用相同的空間。最大的群組卻分配了最小的寬度。

   我的方法是專注於一個簡單的層級視覺圖，那就是典型的金字塔。當我看到層級下降，人數增加時，就認定這個想法。我還考慮了三個單位圖，一個有十個點，一個有二十五個點，最後一個則是一百個點，然後把它們堆疊起來。最後我決定這無法像金字塔那麼完美地表達層級結構，而且正如你將看到的，它在這個內文脈絡上不太具有重複使用性。

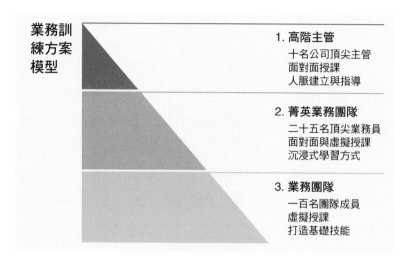

我將金字塔垂直切成一半，這樣一來就製造了一個左邊的對齊點，而且也不浪費空間。給每個區塊標題加上編號，也給了觀眾一個提示，這個進展是由上而下，不是由下而上。我最大的挑戰就是，該如何將原本符號標示的要點納入現在的空間裡。我一開始將它們緊貼著楔形物的斜線對齊，但這樣製造了多個對齊點，而且又強調了對角線，這樣在視覺上會讓人分心。將文字對齊也製造了一個問題，就是讓最頂端的楔形物跟它的文字離得太遠，因此我使用乾淨的字跡線，維持兩者之間的連結，又不至於讓視覺變得太強烈。

最後，我想看看我能如何保留最少文字，又不會失去我認為原始投影片中關鍵的資訊。我對這些挑戰練習的態度一直都很積極，已經不止一次有人說我太積極，以致於刪去了必要的文字。如果現在的投影片就是簡報時要使用的，那麼我對

於留下來的文字感到滿意。很明顯地，這張投影片成功傳達原始投影片的大部分內容，但原始投影片使用了二、三百字。這裡只用了六十一個字。請記住，我可以在簡報時補充更多細節，而且觀眾會聽到我說的內容，因為他們不需要忙著閱讀圖表的內容。我選擇在每個層級中只保留三種資訊，那就是誰、如何，以及什麼。我把時間框架移除了。我已經先想到了時間軸，因為我知道這些資訊也會在那裡出現。然而，如果這張圖表必須單獨存在時，將時間框架恢復將會比較明智。我猜測許多嘗試這個挑戰題的人，可能會保留時間軸，而這也不是個壞決定。

這裡的首要觀念就是勇於嘗試視覺圖表，因為比喻已經如此簡單又強烈，也降低了所有其他干擾。

2. 我認為有效的元素：

- **我喜歡在時間軸每個層級中使用顏色**。保持它們的一致性是合理的，也讓我知道該去哪裡找資料。而且它們可以重複使用，每當我談到這組當中的一個，都可以用它的顏色來創造一個快速、潛意識的聯想。
- **我喜歡投影片中對面對面和虛擬課程使用不同的外框樣式**。對虛擬課程使用虛線輪廓，不需思考就知道是合理的。我就是能懂。

我認為無效或讓人困惑的元素：

- **帶著星星符號的那幾個段落分散了我對時間軸的注意**。我感受到閱讀文字和理解視覺圖表之間的衝突。更嚴重的

是，我讀了文字後，就覺得被騙了。那些文字不是上一張投影片裡重複的資訊，就是描述了時間軸所顯示的東西。

- **那些向下的箭頭讓我覺得困惑。**我不確定它們是要逐字對應到時間軸上，或者只是顯示從一個階層到下一個階層的一般演進過程。灰色也不適合在這裡的底色上閱讀。我幾乎忽略了那些箭頭。

我想增加或改變的東西：

- 我希望時間軸能更有**時間軸的感覺**。這裡有很多有用的資訊，但對我來說，時間的演進和其間事件之間的關係卻不明確。舉例來說，對最底層的業務人員，訓練的時間軸覆蓋了十一個月，但在那塊空間中，卻只有三個四至六週的模塊。按照真實時間與計畫時間的比例來使用空間，會讓它更有效。

其他值得提出的想法：

- 我經常使用這個類別來蒐集我的挑剔結果，也就是設計與執行上的小細節問題。在這裡我注意到兩個問題。側邊的文字感覺像是不值得保留的浮誇設計。而且這些外框本身可能就過度設計了，這個設計要求在白色欄位中使用彩色文字，而在彩色欄位中又要使用白色文字。我會設法把它簡化。

像這樣的評論對於培養良好的視覺化習慣是非常寶貴的。它幫助你思考你在看什麼東西，以及找出你的想法。你練習得越多，就越會注意到你傾向於喜歡或不喜歡某些方法，而且你的調整總會變成你認為有效的某種風格或技巧。

評論並不是分數等級。我的評論不一定**正確**，這只是我對我所見到東西的第一時間反應。你可能認為，那些有星星的段落是有效的。這樣很好。把評論當作思考和學習的機會，而不是評判。你會發現，我並沒有將上面提起的事情說成錯的或者壞的。我談到了哪些對我有用，哪些對我不起作用，以及當我看到視覺化圖表時的感受。最好的評論大致就是如此。

3. 我把原來的兩張投影片變成了十張（請見下頁）。沒錯，十張。你可能會被這個數字嚇得臉色發白，但我希望，當你看見我是如何構建它們時，一切就會變得合理。我會利用各組投影片，把討論區拆開。

層級。我做了一組四張投影片來展示層級。第一張投影片介紹了層級的概念，但沒有談到細節。後續每張連續的投影片都聚焦於一個層級，而且呈現的資訊與其他層級呈現的資訊是一致的。

這和經典的「建築幻燈片」有著微妙的不同。我沒有在舊資訊的基礎上增添新的資訊，而是做了些微妙的不同處理。在每個步驟中，新資訊被加入，而舊資訊則被移除。這可以迫使觀眾更聚焦。只有我想討論的內容，才會放進來讓觀眾思考。這樣就創造了聚焦討論的機會。如果三個層級全部都能看得見，那麼我在討論第一個層級時，就沒什麼能阻止觀眾直接往下看，並舉手發問關於第三個層級的問題。

如果執行得良好，這會感覺像一張改變了三次的投影片，而

不是四張個別的投影片。這是呈現數據圖表化的一種最有力的技術。

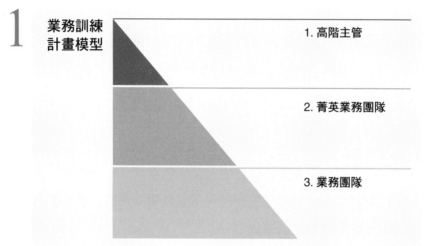

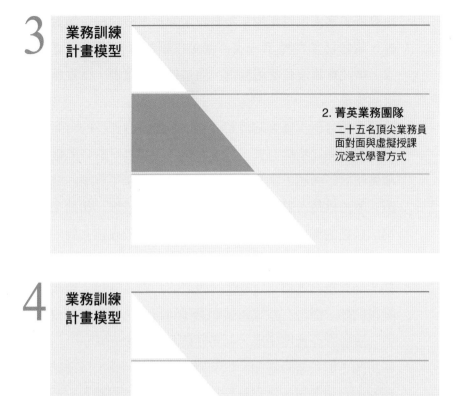

3 業務訓練
計畫模型

2. 菁英業務團隊
二十五名頂尖業務員
面對面與虛擬授課
沉浸式學習方式

4 業務訓練
計畫模型

3. 業務團隊
一百名團隊成員
虛擬授課
打造基礎技能

時間軸。我對時間軸再度用了強迫聚焦術,但應用了一些附加的想法。首先,我需要釐清面對面課程與虛擬課程的區別。在原始投影片中,這些外框是用實線或虛線描繪。我從

這點得到靈感，並使用交叉斜線來顯示虛擬課程與面對面課程。將每種類型標示一次，就足以讓觀眾在記憶裡留下印象。請注意我沒有使用圖例，而是標記了實例，以避免目光來回移動。

接著我想合理化真實的時間，所以我讓每個課程的時間以合乎真實時間比例的方式呈現，而做了一條真實的時間軸。這種做法的好處超出了我的預期。它清楚顯示了分配的時間跨距，並提供每一層級相對強度幾乎即時的感覺。相對來看，第二層級的訓練似乎非常投入。另外，由於我還在對一個客戶推銷這個訓練課程，所以我沒有這些課程的實際舉辦日期，因此空白處還可以商量。也許客戶會希望第三層級訓練延後開始，而現在看來這很明顯是可行的。也許客戶會認為第二層級課程過度密集，而希望延長時間軸。

我將顏色與各層級搭配，以明確地將誰與何時加以連結。我再回頭將這些層級當作路標加以檢視，以提醒觀眾它們之間的關聯性。

再次強調，如果執行得當，這就不會感覺像是四張投影片，而是一張投影片改變了三次。

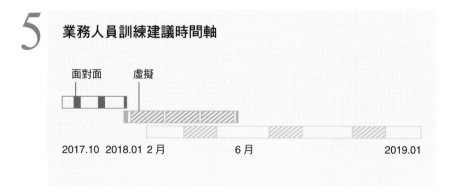

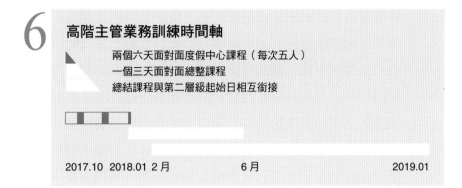

6 高階主管業務訓練時間軸

兩個六天面對面度假中心課程（每次五人）
一個三天面對面總整課程
總結課程與第二層級起始日相互銜接

2017.10　2018.01　2 月　　　　　　6 月　　　　　　　　　2019.01

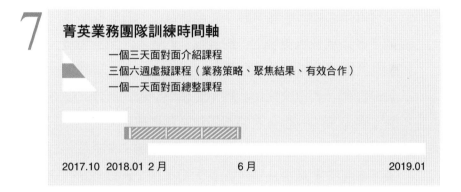

7 菁英業務團隊訓練時間軸

一個三天面對面介紹課程
三個六週虛擬課程（業務策略、聚焦結果、有效合作）
一個一天面對面總整課程

2017.10　2018.01　2 月　　　　　　6 月　　　　　　　　　2019.01

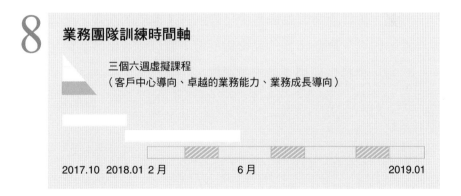

8 業務團隊訓練時間軸

三個六週虛擬課程
（客戶中心導向、卓越的業務能力、業務成長導向）

2017.10　2018.01　2 月　　　　　　6 月　　　　　　　　　2019.01

後附資料。我做的十張投影片中，有兩張不是為了簡報而準備的，而是打算放在書面版本當做後附資料。在現場簡報過程裡，我只有幾秒鐘的時間吸引大家的注意，並幫助他們理解內容。因此我無法呈現含有許多圖表，而且需要說明的繁複圖表。但如果觀眾是自行閱讀這些資料，不論是在螢幕上或者在紙上，那麼稀稀落落的簡報投影片，可能不夠用來引導他們理解。他們可以控制閱讀節奏，所以我可以在一個空間中放更多細節。

為了這個原因，簡報材料中「兩秒鐘」的投影片版本，就變成了書面或個人螢幕上「兩分鐘」的版本。至於層級，這張投影片與簡報系列是相同的，只是合併到了一個空間裡。至於時間軸，我重複使用我顯示整個時間軸的版本，並在下方添加詳細資訊，也再次將層級做為路標使用。

關於「後附資料」投影片的最後一點提醒。當你簡報時，不要事先把它們發放出去。如果你這樣做，觀眾就會忽略你，而翻閱他們面前的資料，並根據他們個人的詮釋來形成問題。你甚至可能在簡報中已經回答了他們的問題，但他們根本沒有仔細聽。我們都會這麼做。要忍住並保證在簡報結束後，會提供他們詳細的投影片。

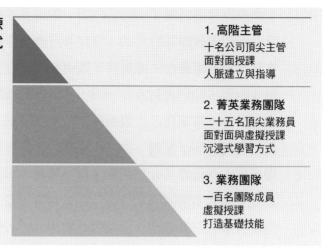

9 業務訓練
計畫模式

1. 高階主管
十名公司頂尖主管
面對面授課
人脈建立與指導

2. 菁英業務團隊
二十五名頂尖業務員
面對面與虛擬授課
沉浸式學習方式

3. 業務團隊
一百名團隊成員
虛擬授課
打造基礎技能

10 業務人員訓練建議時間軸

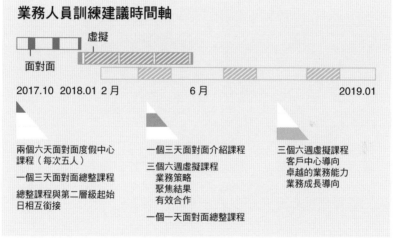

虛擬

面對面

2017.10 2018.01 2月   6月   2019.01

兩個六天面對面度假中心
課程（每次五人）

一個三天面對面總整課程

總整課程與第二層級起始
日相互銜接

一個三天面對面介紹課程

三個六週虛擬課程
　業務策略
　聚焦結果
　有效合作

一個一天面對面總整課程

三個六週虛擬課程
客戶中心導向
卓越的業務能力
業務成長導向

十張投影片這個數字可能仍然讓一些讀者感到不自在。這不符合一般人做簡報的方式。但我強烈建議你嘗試這個方法。當我做資料視覺化的簡報時，我會使用這些技巧。我經常會詢問觀眾，他們認為我在一場三十分鐘的談話中，使用了幾張投影片。答案從二十張到幾乎七十張都有。但平均而言，我的簡報都用了超過一百二十張投影片。原則很簡單，我寧願使用十張投影片，每張會出現十秒鐘，也不要使用兩張需要五分鐘來拆解說明的投影片。當你把衡量的單位，從一張投影片變成一個想法，而且當你使用多張投影片來建構一個想法時，大家會停止思考你用多少頁的投影片，因為他們已經全然投入你的簡報中了。

多重概念混和的流程圖

我們的 Scrum 協定

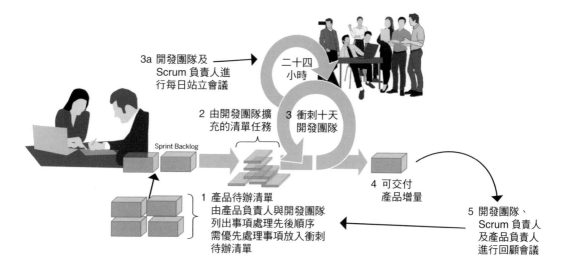

敏捷式開發（agile development）的 scrum 流程究竟是如何運作的？高階管理人一定很想知道，因為網路上到處都是相關的說明圖表。大多數都遵循類似於你在此處看到的結構，但我也曾試圖將我發現的幾個版本混合在一起，結果變成一團混亂。它有一些簡報時使用的典型概念視覺圖表的特徵，例如美工圖案和許多新奇的箭頭。但作為一個流程圖，它卻缺少了清晰度。包括週期與區塊的多個比喻結合在一起，變成了一個難以閱讀的經驗。我們來修改它吧。

1. 最適合這個 scrum 流程的基本比喻是什麼，時間軸、週期圖還是步驟圖？為什麼？

2. 找出一個需要消除以及兩個需要調整的元素，好讓這張視覺圖表更清楚。

3. 在下述額外資訊下，畫出增加這張 scrum 流程圖清晰度的新版本：

● 衝刺待辦清單由高優先開發順序產品組成。

● 產品由包括功能開發與修復的任務組成，這些任務依照完成所需投入的工作來決定「大小。」

● 未完成的任務就是在衝刺期間開發出來的物品。

● 可交付產品增量是已完成的任務，整合至產品中。

製圖區

討論區

　　這是全書最困難的挑戰練習。在簡化 scrum 中，有許多內容、很多不同的團隊和時間框架，所以很難全面掌握。在一些概念圖中，比喻會有偏差，或者設計適得其反，但在一團混亂中還是埋著好點子的核心。在此處有許多問題要面對，而且無法立即找出明顯的解決方案。

1. 我選擇週期圖。這個圖表包含全部三個比喻。步驟圖是有順序的編號流程。時間軸在不斷循環的衝刺步驟很明顯，但在整體來看一點都不明顯。不過，週期圖涵蓋了這兩者，步驟構成了週期，時間軸則是週期的一部分。綠色的迴圈箭頭看來很像週期，但不是需要關注的週期，從這張圖表看來，綠色箭頭毫無原因形成循環，真正形成週期循環的黑色的箭頭卻很難看出來，因為並非用了最突出的視覺元素。它連形狀都不像一個週期。明確說明你的主題，並確認它在概念視覺圖中占主導地位。

2. **移除美工圖案**。這點很容易看出來。美工圖案顯示了它所在位置的活動內容。因為我們還不了解整體流程，我們就試著使用這個美工圖案理解圖表，但沒什麼幫助，而且只是讓圖表更加複雜此外，兩個美工圖案是不同的比例。這產生了一種景深，讓後面的人看來更遙遠。它可能暗示流程圖也有深度。如果在平面圖中增加插圖，最好讓它們的比例相同。

調整標題。比喻再度被混淆了。我們在看的是流程，不是協定。更具體地說，我們在檢視一個開發週期。在此處寧願用比較廣泛的標題，例如《我們如何運用 Scrum？》也不要使用錯誤的命名法。

調整箭頭。有些流程圖需要許多箭頭，不管是什麼樣的呈現，只要它們盡可能有效率。此處有兩個問題要解決。首先，循環迴圈必須合理化。它們是什麼意思？有必要嗎？為什麼它們跟其他箭頭不同？我認為使用循環迴圈是有原因的，我的猜測是綠色箭頭代表發展，而黑色箭頭代表規劃和會議。不過，我還是想思考該如何在不讓一組箭頭看來太過突顯的情況下做出區分。其次，我應該會清理黑色箭頭。它們太隨意出現了。沒有一個是水平的。彎曲的那個箭頭是一個異數。

3. 我不覺得這張圖我畫對了。我的視覺圖在關鍵區域中沒有達到水準。我很期待看見各位的解決方案，請把你們的答案寄到 GoodChartsBook@gmail.com，我認為你們寄來的答案中，許多都會在這點上有大幅改進。我仍然保留了我的圖表，當成一個還未完成的製作中圖表，這也顯示，視覺圖表的挑戰往往沒有輕鬆的解決方法。有時你必須妥協、犧牲，或者重新思考，你想要將一個複雜又很難清楚視覺化的系統，加以視覺化的這個目標。

我設法調整了原始版本中所有嵌入的流程，關鍵在於兩個獨立的活動，規劃和開發。然後我將整個週期簡化為最簡單的

三步驟流程，規劃與排列優先順序、衝刺事項，以及回顧檢
討。

我們的 Scrum 發展週期

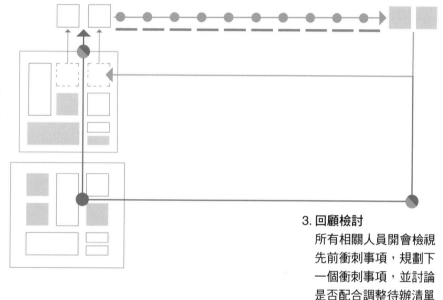

2. 衝刺事項十天，
每天舉行站立會議。

1. 決定優先順序
利害關係人開
會決定產品待
辦清單的優先
順序，所有相
關人員開會決
定衝刺待辦清
單的修先順
序。

3. 回顧檢討
所有相關人員開會檢視
先前衝刺事項，規劃下
一個衝刺事項，並討論
是否配合調整待辦清單

| 產品 與任務 | 未完成 任務 | 已完成 任務 | 規劃 與排序 | 開發 | 利害關係 人會議 | 所有相關 人員會議 | 開發團隊 會議 | 1 天 |

我沒有試著創造整個視覺圖，而是分別製作了整個流程的三個部分。我從衝刺事項開始，它本身就是一個週期內的週期。尚未完成的任務進入衝刺事項，它們會在十天內開發，每天都會開會討論進度，完成的任務轉至下一流程。這些已完成的任務就集中回到產品裡，新的未完成任務就排隊等待開發。我主要的掙扎，在如何表現時間軸與每日站立會議（Daily stand-up）。我的繪圖充滿了隧道圖和其他想法，但我終於確定使用虛線，這象徵一條輸送帶，承載著任務直到完成。原圖的雙重循環迴圈已經消失了，它並未代表任何意義。衝刺事項迴圈是要表示完成一個衝刺事項，接著回頭接收一項新工作，不斷如此重複的週期。你可以發現原始圖表中的混亂，讓人不清楚該如何遵循各種路徑。何時才能脫離迴圈，完成一項任務？

　　最初的圖表讓我困惑的，就是除了衝刺待辦清單裡的那些「切片」外，所有藍色色塊都太相似。為了了解實際發生的情況，我必須做調查，並反映在我提供的附加資訊中。有了這些資訊，我就能提出一個合理的簡單方法，來表示產品和任務。我決定讓這部分呈現垂直狀，以反映高優先順序事項會先進入衝刺事項。但我還是對流程的覆蓋面，或者已完成任務回到產品中的清晰度感到不滿意。流程判定這兩項任務，何時該進入衝刺事項，是否已經夠清楚？將它們放回去，似乎在時間上是倒退的，與衝刺事項相反。我再說一次，如何代表衝刺時間這件事讓我感覺很挫折。

　　最後，我開始處理回顧檢討，這是最單純的，因為這只是一個重新啟動流程的會議。當我想到檢視點的時候，我才決定會議點也可以如此，就是週期中的點。

我還是沒有把這張圖處理得很正確。圖例的大小和複雜程度，暗示著我使用太多變數，這會造成大量的視線移動。週期中每個點的文字量則顯示，視覺元素並沒有完全發揮作用。而衝刺事項中的時間軸，與流程箭頭方向之間的緊張關係，看起來仍然讓人困惑。

　　或許這個流程太複雜，無法只用一張圖表來表達。只設計衝刺事項視覺化，或待辦清單視覺化時，我覺得更順手。但必須將它們拼湊在一起時，衝突就出現了。如果要繼續進行，我可能會試著繪製一系列的圖表，而不僅是一張。

PART
TWO

製作
優質圖表

現在

幾小時後

談話　　　繪圖　　　　　原型　　　　優質圖表

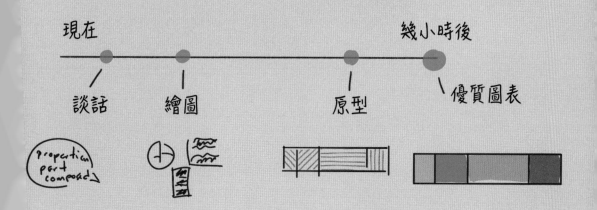

第六章

談話、繪圖與製作原型

有時你想放棄吉他，你會厭惡吉他，
但如果你堅持下去，就會得到回報。
——吉米・亨德里克斯（Jimi Hendrix）

當你學習彈吉他，你要學習音階、和弦、和弦變化、刷彈模式，以及指法。學會這些和其他技巧後，把它們結合起來，你就可以演奏歌曲，最終還能用你的所學來創作自己的音樂。

如果你看過這本書的累積技巧部分，那你已經進行了相當多的練習。現在你要試著彈奏一些歌曲，最後，你也要創作你自己的音樂。這些歌曲將會成為已完成的圖表挑戰，讓你可以持續練習。音樂則是你製作優良圖表過程中，應用的個人資料和想法。

在下面這些挑戰中，你將使用到目前為止我們已經掌握的技巧，用色、清晰、圖表類型、說服力，以及概念。現在你可以把它們都放在一起了。這些挑戰的目標，是找出好的想法，並畫出優質圖表的草稿圖或書面原型。確保你的內容設定完善，你知道你想說什麼，對誰說，以及你會在什麼環境下說這些內容。然後設計圖表，以有效傳達這個內容。這就是最初在《哈佛教你做出好圖表》一書中列出的框架。

第一步：談話

把資料放在一邊，去找個朋友談談，再來設定內容。從你想展示什麼內容開始。其他要談的包括，**問題這是要給誰看的？你希望他們看到這個後會做什麼？這會如何顯示？如果你只能讓他們看一樣東西，那會是什麼？他們已經了解了嗎，還是這對他們來說是新的東西？這會讓人意外還是確認？你需要說服他們嗎？**

任何能幫助你清楚確認你需要展示什麼內容的問題，都是有用

的。確認你的朋友會問：「**為什麼？**」而且是不斷地問。強迫你去陳述即使是顯而易見的事物，可以讓本來不可見的假設浮現出來。如果你說：「我需要他們了解趨勢，」你的朋友可能會問：「為什麼？」你可能認為答案這麼明顯，這個問題也太蠢了。但無論如何都要回答。你可能會發現自己回答：「如果他們了解這個趨勢，我們最後就可以讓他們了解潛在風險。」而這就是你**真正想表達**的內容一個很好的線索。

在這個過程中，掌握一些與視覺相關的詞彙和片語，例如**巨大的差距**或**趨勢線呈現大幅下滑**。也記得掌握一些可以描述你想採取的方法的關鍵字。舉例來說，如果你說：「我要讓他們了解銷售隨季節變化，從夏季業績下降開始，便進入一個可預測的週期。」你其實就已經給自己提供了許多資訊，包括該從哪裡開始、該使用哪些變數，以及整體需要展示什麼內容了。

這個步驟通常大約會持續十五分鐘。如果談話慢慢沒有話題，或者你覺得在重複自己說過的話，你就知道你已經準備好繼續下一個步驟了。

第二步：繪製草圖

在你說話的時候，開始畫些草圖。畫快一些，別擔心畫得凌亂。也別擔心真實的數字或標籤。看看不同的圖表種類與配置，跟你所說的內容搭在一起如何。塗鴉畫出一張長條圖，然後想想 x 軸跟 y 軸該是什麼。不適合嗎？換成散布圖如何？這些點代表什麼，

你能把它們加上顏色來編碼嗎？至少嘗試兩種不同的圖表格式，盡量保持開放的想法。你能利用圖表來說故事嗎？寫下「狀況」、「衝突」與「解決方案」，並開始素描你在每一步驟可能要展示的內容。或者就只是掌握你的故事在這些步驟的關鍵字。舉例來說，在**狀況**步驟的關鍵字是「展示收入」。**衝突**步驟則是「在線上標出波動的地方」。而**解決方案**就是「展示波動過後的收入」。

　　關鍵在於一直繼續移動。你的目的是想要有生產力，迅速創造想法。在這個過程中繼續談話，只要出現新想法與視覺字眼，就將它們寫下來。在短時間內，你將會有想法，知道想朝哪個方向走。當你發現自己專注於嘗試改進一張草圖，或者一個想法，而不是繼續出現新的想法時，你就知道你準備好繼續前進了。這個階段與談話階段有點重疊，通常為了想出幾張圖表，會持續十至三十分鐘，取決於你所接受任務的複雜度。

第三步：製作原型

　　繪製草圖時追求快速、能開放地討論，但在製作原型則相對較慢而審慎。這個階段你該使用比較整潔的軸線，並試著畫出大約的真實數值。有目的地使用顏色。草圖可以順手生成，但原型則需要反覆琢磨。好好琢磨你的圖表，直到它變得出色。如果資料來自 XLS 或 CSV 等試算表格式，你可以將其導入任何視覺化工具中，就可以做出數位化原型。我經常使用 Plot.ly，當作原型設計的起點。如果你熟悉像是 Tableau 這種更高階的工具，或者像是 R 這種

統計套裝軟體，你也可以使用它們。

關鍵在於測試配色方案、標籤和其他元素，以確認它們在最終設計中能夠成功，並確保當它們製成時，你所見的就是當初所想像的。我發現，根據我在談話和繪製草圖階段的成效，大大影響製作原型的時間。當你成功時，製作原型可能只要二十分鐘。但當原型設計揭露了你思考方式中的缺陷時，就得回頭再次進行談話跟繪製草圖，然後再回到製作原型，可能花上花四十分鐘或更長的時間。不過，當你完成製作原型時，應該對你的方法充滿信心，並準備製作最終的圖表。

以下的挑戰已經設計好讓你運用這個流程。我會提供對話，對話中會提供相關內容脈絡。你可能要選擇最佳的顏色以及最有說服力的選項。或者你可能認為你找到了正確的圖表類型，但它卻缺乏清晰度。不管處理任何技藝，一個重大的領悟就是，你很難達到完美。你必須做出取捨。你在這裡犧牲一些，而在那裡得到一些。或者你會決定投資某個東西的成本，儘管結果可能很好，但並不值得。這完全正常，也是可以接受的。

第七章

如何從散亂的資料整理成一流圖表？

訂閱成長更新報告

訂閱人數（千人）

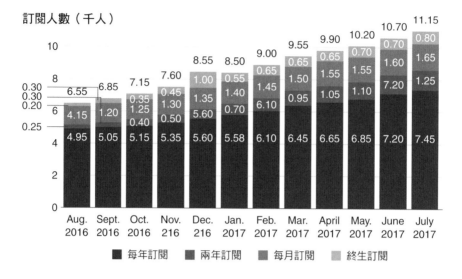

我們的目標是在這個為期一年的訂閱成長活動期內，讓訂閱人數從七千成長至一萬。

在這一年內，年度與兩年訂閱人數占了新增訂閱人數的大部分，每月與終生訂閱的人數，則在失去既有訂閱人口時，呈現零成長甚至負成長。

大部分成長來自年度與兩年訂閱人口，但其他訂閱種類也在活動年度內呈現淨成長結果。

新訂閱總數	300	300	450	950	-50	500	550	350	300	500	450	4600
每年訂閱	100	100	200	250	250	250	350	200	200	350	250	2500
兩年訂閱	50	100	100	100	100	100	150	100	50	100	50	1000
每月訂閱	50	50	50	50	50	50	50	50	-	50	50	500
終生訂閱	100	50	100	550	-450	10	-	-	50	-	100	600

做出老闆最想看的報表

　　就是這個了，典型的資料垃圾場。老闆們想要更新後的數字，於是一間 Podcast 應用軟體公司的行銷經理就做出了這個東西，一張顯示了所有數據的投影片。這名經理每個月需要向主管報告 Podcast 訂閱情況，這就是她使用的投影片。這間公司提供四種訂閱選擇，也定下了成長目標。除了逐月的總數，她的老闆還想看到每個月各種訂閱方式的組成。最近他開始抱怨這張圖表，說它很讓人困惑，而且讀起來很讓人心煩。老闆說，即使是自己在電腦螢幕上看，這張圖表也讓人很挫折。市場經理想重做圖表，以便在下個月給他留下好印象。

　　為了改進它，我們要進行談話、繪製草圖及製作原型。我和我的朋友，也就是行銷經理，已經完成了談話。請檢視這段對話。用筆記標示，並特別標注那些視覺語言與提示，然後用它們幫助你製作這張投影片的替代方案。畫出你的各種解決方案，直到你覺得已經畫出一個改良方法，然後製做你月報版本的書面原型。

「妳現在在做什麼？」
「我得改良這張圖表，因為我老闆認為它令人感到困惑又挫折。」

「怎麼說？」
「他說很難讀懂，其他人根本就出神了，因為他們看完了說明文字後，就等著看下一張投影片。」

「這張圖表為什麼這麼重要？」

「你在開玩笑嗎？這是每個月的更新報告。他們靠這份報告理解我們在訂閱數的表現。」

「那妳的表現如何呢？」

「很好。我們超越了目標的一萬訂閱數。一年前我們稍微落後目標，但現在我們則稍微超越了目標。」

「妳覺得為什麼會這樣？」

「這就是最精采的地方，我們的進步集中在我們最想成長的兩個訂閱類別中，也就是每年訂閱跟兩年訂閱。當然，所有訂閱都很重要，但跟其他兩個類別相較之下，我們真的想將這兩個類別，視為最重要的，因為每年訂閱跟兩年訂閱，是我們最有利潤的訂閱方式。」

「其他訂閱方式有哪些？」

「每月訂閱跟終生訂閱。每月訂閱很難經營，因為它要每個月重新訂閱，所以流動量比較高。終生訂閱很不錯，因為一旦你獲得這些客戶，他們就是你的了。可是他們可以取消訂閱，而這絕不是我們最有利的選項。」

「是不是有什麼推廣活動之類的，促使成長超過妳的目標？」

「沒有，就是一直穩定成長，這真的很棒。我們做了一次終生訂閱的推廣，看來奏效了，訂閱數迅速增加。但後來有一群人幾乎立刻

取消了訂閱，因為他們看不出價值，所以那個類別的訂閱數在次月其實是下降的。」

「這看來很重要，應該顯示出來。」
「不盡然。他們知道推廣活動的狀況就是這樣。我們從中學到了很多，但我寧願聚焦在我們希望成長的訂閱類別正在穩定成長這一點上。」

「那為何不只展現這一點就好了呢？把其他部分都排除掉？」
「我不能這麼做！他們也需要其他資訊。」

「其他什麼資訊？」
「他們需要看見訂閱人數的組合，以及各類別的發展趨勢。要同時看見，在同一個地方，彼此堆疊起來比較。」

「為什麼？」
「為什麼？這可是每個月的更新報告。他們想看整個狀態的更新資訊，不只是我希望他們看見的好消息。我可以強調穩定成長的部分，但他們想看見所有資料。」

「他們想看個別訂閱類別的狀況，多過看見總體狀況嗎？哪個更重要呢？」
「兩者都重要。他們想看到所有東西。」

「可是如果必須選擇，妳會選擇哪一項？」

「我不能選擇！他們必須看到全部。就是全部。我們和目標的比較。以及每個單獨訂閱選項的情況。我老闆真的很想看到每個月訂閱增加數的細項分配。」

「為什麼？」

「看見總數是一回事，但人們也會取消訂閱。所以淨成長數很重要。如果有一百人取消，但有一百五十人訂閱，那就是淨增加五十人。他喜歡看見這些。所以我才放上一張大表。這張表有所有資料數據，這樣如果任何一個訂閱類別呈現負成長，他就會知道，而這將會亮起警訊。」

「所以這是最重要的事情嗎？」

「或許對他來說是吧，但他不是唯一參與會議的人。所有資訊都很重要。你為什麼一直想強迫我說出哪個是最重要的？」

「我看著妳的圖表，覺得它想表達好多事情。我不知道哪一件才是最重要的。妳想讓所有事情都重要，卻讓我無法看清我該專注於哪一件事情上。我甚至根本無法看見目標。」

「目標沒有放在試算表裡，我們從沒想過把它放進圖表裡。我只是把它放在說明文字裡面。但我們也許該展示一下目標。我知道你說這張圖想呈現這些不同的事情，但就像我說的，我必須呈現不只一件事情。我想也許我可以一個個地分別呈現這些資料。我就是不清楚該怎麼做。」

「他們需要知道每個月的詳細數字，像妳標示出來的這樣嗎？」

「我覺得他們喜歡看見這樣。」

「為什麼？」

「這看起來對他們來說似乎是好的。我是說，比起其他事情，他們真的更在意趨勢。他們的思考模式就是這樣的，很在意趨勢。」

「也許就是這樣，才讓一切看起來很令人困惑，妳可以在事後再給他們表格，而在這裡專注於趨勢線嗎？」

「或許吧，我從沒想過這樣做。」

「好的。現在我還不懂的就剩下這個表格了。對一場簡報而言，這裡的資訊太多了。不知道有沒有辦法用視覺圖表方式來呈現。」

「我本來正在想著要這麼做。我試著把它連成一條線，這樣每個月的數字就正好在長條圖那個月標籤的下面，可以把它們連起來。」

「我本來完全不懂。但現在我知道了。」

「啊，這樣不行。我認為他想試著聚焦於我們每個月在年度與兩年訂閱的成長數，以及在其他類別的成長數，然後加以比較。他希望確認在年度跟兩年訂閱上有健康的成長。你可以從這份報告的下半段看出來，這確實正在開始發生中。」

「如果妳沒有告訴我，我真的看不出這一點。」

「好吧，所以我也得找更好的方法來呈現這一點。」

「是啊，我想資料都在這裡了，不過讓我們先開始畫出一些想法，一次展現一樣東西，最後把所有資料都呈現出來，免得所有東西都攪在一起。我在想如何在簡報時，透過螢幕看這個圖表，然後懂得妳的想法。我可能很難看出妳指出的部分趨勢。我一眼就看到的是全面的穩定成長，但有這麼多又小又標示起來的切片，很難看出成長是來自哪些類別。」

「是的，我們來動手試著畫些東西吧。」

製圖區

討論區

　　我在這個例子中沒有標記對話中的關鍵字，但我將隨著對話進行，展示我在過程中每個部分做的筆記。第一組筆記就是我在談話時寫下的內容。請記住，即使我按照順序來呈現我畫的圖，但談話和繪圖兩個過程通常會重疊。還要注意的是，我用了一些繪圖時間，在原始圖表上加註想法和評論。我經常這樣做，當作一種對視覺圖表的評論，也將在談話時的想法與既有圖表加以連結。我在圖表中找的，是談話時可以找到支撐點的地方，以及無法找出與我們談話內容相關的地方。在你繼續進行本例的討論時，請注意以下幾點：

1. **從談話中掌握關鍵字、說法和想法的過程。** 有時我會用底線表示強調，或者記下某個說法出現的次數，提醒我它很重要。你還會看到在一些關鍵字附近的速寫，還加上很多問號，我用它們來顯示我還有問題的地方，或者提示自己要進一步探索。

2. **我的素描有多凌亂。** 我是故意不謹慎的，因為我只是在尋找一個大致的方向。雖然我使用了一些顏色，但我盡量限制在基本顏色，這樣我就不會花時間去選擇顏色。我只想做一些區分，好在之後原型製作過程中更專心處理這些地方。有時我會在手繪草圖附近重複關鍵字，提醒自己我們所談論的，與我們想要展示的內容之間的關聯性。我還會在我喜歡的東西旁邊打上星星符號，而在我不喜歡的想法旁邊，我也會做

其他記號，象徵我已經排除了它們。

3. **原型的相對整潔度**。原型絕對還不完美，但我會比較仔細，更深入思考圖表頁面上的顏色、標籤和排列方法。

4. **原型到最終圖表之間的變化**。第一個原型導出最終產品，但隨著我看出布局與顏色在最終圖表的模樣時，我就會繼續調整。

談話

這些筆記顯示了在這場談話中，有多少內容是有視覺感的。字彙與片語在過程中跳了出來，包括「穩定成長」、「堆疊增加」、「超越目標」，最明顯的則是「趨勢線」，它以各種形態出現了四或五次。這特別具啟發性，因為在原始圖表中，根本找不到趨勢線。我也注意到「實際表現」與「目標」的比較似乎很重要，但目標並不是一個視覺元素，如同我朋友所說的，它被埋在說明文字裡面。這張表格讓我很好奇，因為她可以對我說明她認為她老闆是怎麼用的，而這帶出了讓這個關鍵資訊更有用、也更視覺化的一些想法。她說明這個表格的用意，在於用 x 軸的日期，來連結長條圖，這讓我很意外，因為對我而言，長條圖的圖例完全打破了這個連結。既然這個表格很重要，我覺得它可以改進，我已經在考慮如何將它形象化。我也開始在原始圖表中，標記一些明顯的設計缺陷，例如 x 軸的標籤和條形圖的標籤。

我朋友對我反覆詢問什麼是最重要的而感到沮喪，我則對她不

斷告訴我每一件事都很重要而感到沮喪。在這種對話中，這是很典型的狀況。我們傾向把一切都保留下來，既想展現我們的工作，也因為我們真的相信所有資料都很重要。請挑戰自己，將資訊排列優先順序，並勇敢簡化。如果最後讓圖表變得無法使用，那麼展現所有資訊就不是一個優點。

當我們共同確認那一**張**圖表和一**個**表格要傳達的三**個**想法時，我們終於打破了僵局。我們發現每個想法可能同樣重要，但我們不必把它們都放在一起。於是我們開始思考我筆記中用紅星標記出來的三個想法。

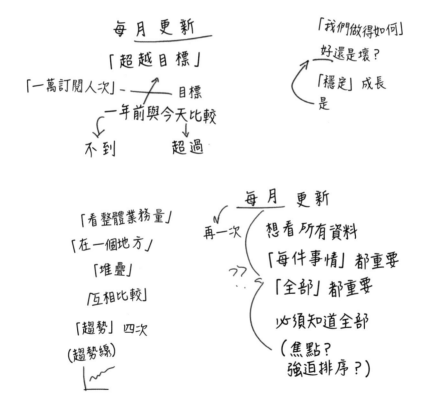

重要！ 顯示→ 目標！

訂閱成長更新報告 必要標籤？

我們的目標是在這個為期一年的訂閱成長活動期內，讓訂閱人數從七千成長至一萬。

在這一年內，年度與兩年訂閱人數占了新增訂閱人數的大部分，每月與終生訂閱的人數，則在失去既有訂閱人口時，呈現零成長甚至負成長。

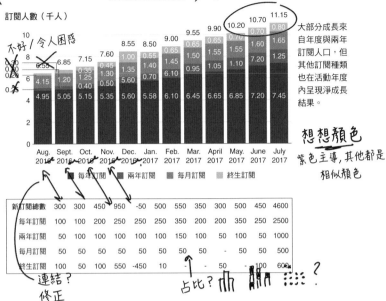

訂閱人數（千人）

不好／令人困惑

	Aug. 2016	Sept. 2016	Oct. 2016	Nov. 2016	Dec. 2016	Jan. 2017	Feb. 2017	Mar. 2017	April 2017	May. 2017	June 2017	July 2017
	6.55	6.85	7.15	7.60	8.55	8.50	9.00	9.55	9.90	10.20	10.70	11.15

每年訂閱　兩年訂閱　每月訂閱　終生訂閱

大部分成長來自年度與兩年訂閱人口，但其他訂閱種類也在活動年度內呈現淨成長結果。

想想顏色
紫色主導，其他都是相似顏色

新訂閱總數	300	300	450	950	-50	500	550	350	300	500	450	4600
每年訂閱	100	100	200	250	250	250	350	200	200	350	250	2500
兩年訂閱	50	100	100	100	100	100	150	100	50	100	50	1000
每月訂閱	50	50	50	50	50	50	50	50	-	50	50	500
終生訂閱	100	50	100	550	-450	10	-	-	50	-	100	600

連結？
修正
占比？
？

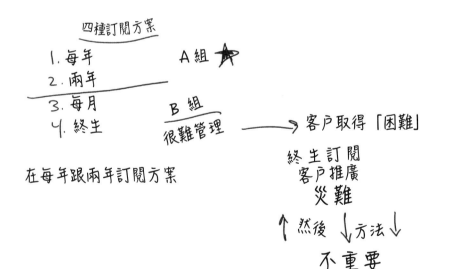

四種訂閱方案

1. 每年　　　　A 組 ⭐
2. 兩年
3. 每月　　　B 組
4. 終生　　很難管理 ——→ 客戶取得「困難」

在每年跟兩年訂閱方案

終生訂閱
客戶推廣
災難

↑然後 ↓方法↓

不重要

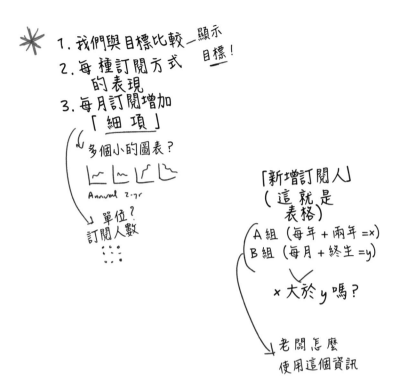

1. 我們與目標比較 — 顯示
   目標！
2. 每種訂閱方式
   的表現
3. 每月訂閱增加
   「細項」

多個小的圖表？

Annual z-γr

單位？
訂閱人數

「新增訂閱人」
(這就是
   表格)
A組 (每年 + 兩年 =x)
B組 (每月 + 終生 =y)

x 大於 y 嗎？

老闆怎麼
使用這個資訊

繪製草圖

　　繪圖步驟依序檢視了這三個想法。首先，我們希望看到與「目標比較的趨勢線」。所以我們把這兩件事畫了草圖，並比對了結果，這很簡單，而且它明確顯示了訂閱數的現狀和公司目標之間的比較。我有信心這是正確的方向，但我們也記下了其他一些想法。我的朋友建議在現有的長條上增加一條目標趨勢線，因為這很容易，我也不介意，但這可能會將注意力引至長條上的一些區塊，而

不是將整體的長條與目標做比較。我也想試試看，顯示每個月實際結果與目標之間的距離，是否可行。這樣將會做出一張棒棒糖圖表，裡面含有幾個浮動的長條。每個月實際績效點和目標點之間的距離，對於公司每月距離目標有多遠，具有指導意義。在某些情況下，這會是一種有效的方法，但在這個例子中，它會將焦點轉移到在每個月份進行比較，而不是看到趨勢這個經常出現的字眼。所以我們沒有採用，而是在這第一個簡單的方法旁邊打上星星，然後繼續工作。

第二個想法是「比較每種訂閱類別與其他類別」。原始圖表有做到，但我們所討論的兩個群組的概念並沒有實現，也就是每年訂閱與兩年訂閱，以及每月訂閱與終生訂閱這兩個群組，主要是因為顏色的關係。在原始圖表中，我看到的是「紫色」與「其它」，所以我們花了點時間，思考該如何給這些長條標上顏色，讓它們更有效。但我很想不要使用長條。長條在比較上非常出色。它們會讓我們很容易去比較十月與十一月、三月與四月的數據。趨勢！我們不斷回到趨勢。如果我們的第一個想法是用線圖來呈現，那為什麼不用在另一個想法上呢？這幾乎感覺像是第一張圖表中整體趨勢的**分解**，而**分解**正是我們在談話中使用的字眼。**堆疊**這個字彙也不斷重複出現，所以我也順手畫了一張堆疊區域圖，來思考一下這張圖可以怎麼用。如果我們選對了顏色，那就有機會。顏色就是關鍵。我們想比較由兩個訂閱選項組成的兩個群組，而不是四個不同的訂閱選項。於是我們用藍色與橙色的配色方案來畫圖，即使在繪製草圖的時候，我們都覺得它會成功。所以我們繼續進行。

第三個想法，也就是「展示淨增加的訂閱數」。我們本來認

為，既然在這組資料中，每個月的個別資料比趨勢線更重要，所以可以重複使用堆疊長條圖。請記住，她老闆喜歡看見每個月的表現，並且比較兩個群組的表現。剛開始我們就只是盯著資料看了幾分鐘。在我的筆記中，我把她老闆的意圖表述為一個簡單的公式，x 是不是大於 y？我們知道必須顯示 x 和 y，並且要進行比較。我們對這兩個群組的並列比較，沒有其他想法。我們回頭檢視談話筆記。什麼想法都沒跳出來，我們覺得卡住了。通常，如果我面對的數字不是很大或很複雜，我喜歡嘗試使用單位圖。單位圖為數值指定個別標記，讓這些數字看來更具體。在這張圖表裡，一個點可以等於某個新的訂閱數。於是我著手在紙上畫點，先使用一種顏色，然後用另一種顏色當作比較。假如每個點都等於一百個訂閱數字呢？我們同意這是值得進行的方向，並很快勾勒出另外幾張圖，我們喜歡這些點看來像長條圖，但又有單位的感覺。然後我試著把兩個群組放在一起，x 是一組，y 是另一組。x 是不是大於 y？答案就在那裡。我們準備好製作原型了。

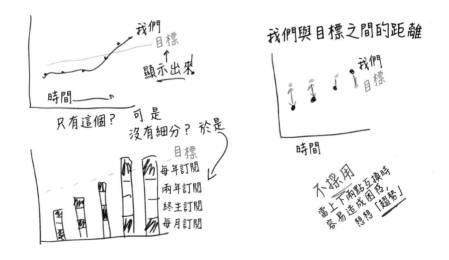

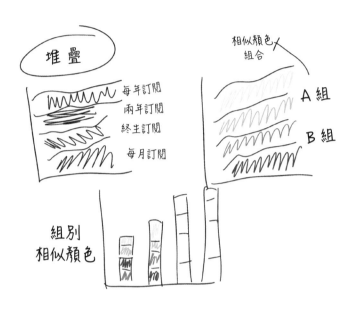

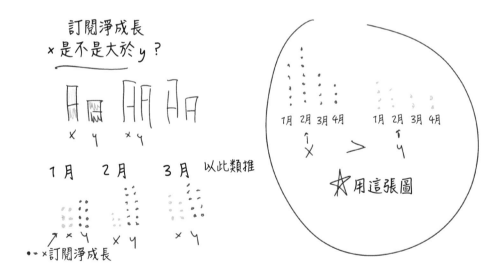

製作原型

　　這個書面原型很快就完成了。我們整理了軸線，並概略計算了實際數字。整個原型圖表中的顏色，是有意且一致不變的，我們選擇兩組相反的顏色，讓觀眾仍然可以看見四個變數，但會將它們分為兩組。在單位圖上，由於原始圖表的 x 軸經常有重複單位出現，我決定用圖表中很常用的標籤，就是用每個月的第一個字母。如果這些單位圖與其他圖表能夠相容，那就很好，但如果它們分得很開，那用比較長的月份縮寫會比較好。這個原型證實了我們找到了可以提高清晰度，但並沒有犧牲原始圖表中太多資訊的方法。在這個原型之後，我又製作了幾版數位原型，這些版本沒有附在這裡，一方面是節省空間，另一方面則是它們只是微幅的調整，這些數位原型後來都轉換成可縮放的向量圖形，並精心雕琢成我們最終的產品，也就是給老闆看的每月更新報告，比原始版本更容易懂、也更好用。

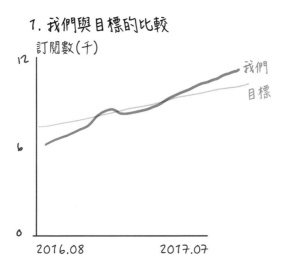

1. 我們與目標的比較

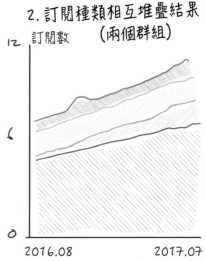

2. 訂閱種類相互堆疊結果
（兩個群組）

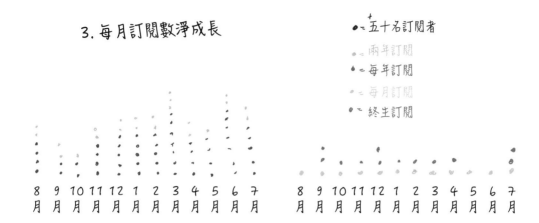

3. 每月訂閱數淨成長

- ● 五十名訂閱者
- ● 兩年訂閱
- ● 每年訂閱
- ● 每月訂閱
- ● 終生訂閱

8月 9月 10月 11月 12月 1月 2月 3月 4月 5月 6月 7月　　8月 9月 10月 11月 12月 1月 2月 3月 4月 5月 6月 7月

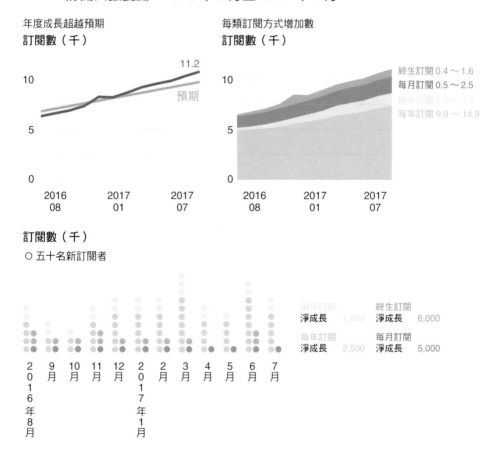

訂閱人數變動：2016 年 8 月至 2017 年 7 月

年度成長超越預期
訂閱數（千）

10

11.2

預期

5

0

2016   2017   2017
08   01   07

每類訂閱方式增加數
訂閱數（千）

10

終生訂閱 0.4 ～ 1.6
每月訂閱 0.5 ～ 2.5
兩年訂閱 2.3 ～ 3.3
每年訂閱 9.9 ～ 14.9

5

0

2016   2017   2017
08   01   07

訂閱數（千）

○ 五十名新訂閱者

2016年8月 9月 10月 11月 12月 2017年1月 2月 3月 4月 5月 6月 7月

兩年訂閱
淨成長　　1,000

終生訂閱
淨成長　　6,000

每年訂閱
淨成長　　2,500

每月訂閱
淨成長　　5,000

優質圖表

　　這三個想法執行得非常清楚，很難想像還會有人被這個每月更新報告弄得一頭霧水，或是在聽取報告時走神。我可以想像，每張圖表在簡報時變成個別投影片的樣貌。顏色使用的一致性，訓練了觀眾綠色和橘色的含義，無論他們在簡報的任何地方都不會認錯。我們從藍色改成了綠色，但回頭檢視，我們不確定這是最好的選擇。橘色似乎搶了綠色的地位。我們談過這一點，但沒時間回去做調整。我們現在可能會改回來。請注意單位圖也改變了，我們切換成比較每個月的 x 值和 y 值，而不是原型裡比較全年的 x 值與 y 值。當我們的工作接近尾聲時，我朋友說她老闆喜歡每個月做這種比較，確實如此，她在談話過程中也這樣說過。所以我們做了更換。事實上，我們試了三種方法。這裡是另外兩種方法，謹供比較。

　　我可以根據內容脈絡，為這三種方法中的任何一種進行辯護，但我很高興選擇了我們最終選用的每月比較方式。

　　將整個過程顯示在這裡，應該能幫助你見到想法的演進過程，以及為什麼談話如此重要。在整個過程裡，這些關鍵字和想法不斷出現，讓我們知道，該嘗試哪些圖表類型、該如何組織資訊，甚至讓我們了解對最終產品該做哪些調整。談話是我們不停回頭汲取想法的井，不論我們是卡住了還是順利前進，這都是推動我們的源頭。從幾個字眼與幾張塗鴉開始，你會發現，你已經比想像中更接近完成一張出色的圖表了。

訂閱數（千）

● 五十名新訂閱者

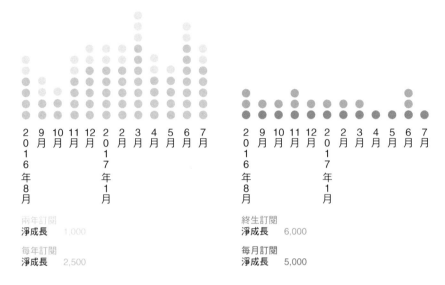

兩年訂閱
淨成長　1,000

每年訂閱
淨成長　2,500

終生訂閱
淨成長　6,000

每月訂閱
淨成長　5,000

訂閱數（千）

● 五十名新訂閱者

每年訂閱
淨成長　5.4k

兩年訂閱
淨成長　2.3k

每月訂閱
淨成長　1.2k

終生訂閱
淨成長　1.1k

第八章

重大議題的
圖表製作

環境議題的專業簡報

　　這項挑戰綜合了本書討論過的幾乎所有技能，尤其是選擇圖表類型、打造清晰度，以及練習說服力這三項。科學和研究往往充滿資料，而這個具體例子的資料來自珍妮佛・萊弗斯（Jennifer Lavers）和亞歷山大・邦德（Alexander Bond）的一篇重要論文，由《美國國家科學院院刊》（*Proceedings of the National Academy of Sciences of the United States of America, PNAS*）出版，其中包括關於塑膠垃圾的一些讓人最瞠目結舌的資料。[6]

　　在為一本雜誌報導這些資料時，作者最重要的工作就是要說服我們，相信他們研究結果的真實性。你的挑戰是如何呈現他們的科學研究，同時又要向非專業觀眾表達清楚。你能把一個學術研究的「流行化」（pop treatment）做到什麼程度？有哪些視覺化的方法，可以讓大家感受到問題有多廣泛，以及我們所說的塑膠垃圾的體積？

　　挑戰情境：你需要做一個簡報，說服非科學家的觀眾，南太平洋的塑膠垃圾問題已經極為嚴重。利用這份研究所收集的資料，製

6　刊登於 2017 年 5 月 15 日的《美國國家科學院院刊》。我在此處提供的是該份報告中資料的簡化資料，取自珍妮佛・萊弗斯和亞歷山大・邦德發表的《舉世最偏遠及潔淨島嶼上，人造廢棄物碎片異常迅速的堆積狀況》（Exceptional and Rapid Accumulation of Anthropogenic Debris on One of the World's Most Remote and Pristine Islands）版本。為了讓這個挑戰容易處理，我將數字四捨五入，並忽略了誤差值。我也省略了部分其他廢棄物碎片分類，包括大小和位置。如果有人對這個議題感興趣，我建議閱讀全文以及媒體的深入報導。

作一系列的圖表，講出塑膠問題的故事。使用**談話 - 繪製草圖 - 製作原型**這個方法。研究這些資料，然後找一個朋友，談談你想如何展示部分發現結果。掌握你發現自己大聲說出的視覺詞彙與想法。畫出將這些資料視覺化的可能方式。想想你會如何在簡報中安排你的視覺圖表，以充分打動一群非專業的觀眾。

亨德森島 2015 年塑膠垃圾情形

		北灘	東灘	
密度 （每平方公尺 垃圾數量）	表面掩埋 （至十公分）	30 209	239 2.573	
數量 （總件數）	表面掩埋 （至十公分）	800,000 6,900,000	3,100,000 27,000,000	
	總數	**7,700,000**	**30,100,000**	**37,800,000**
質量 （公斤）	表面掩埋 （至十公分）	3,000 97	12,600 1,100	
	總數	**3,097**	**13,700**	**16,797**

塑膠垃圾樣本，1991 年與 2015 年比較

	迪西和奧埃諾群島 1991 平均	亨德森島 2015 平均
一次性物品		
瓶蓋與掀蓋	75	486
塑膠瓶	66	155
塑膠袋／碎片		60
筆蓋	3	10
吸管		10
塑膠刮鬍刀		4
打火機	4	3
牙刷		2
塑膠餐具		2
總數	**148**	**692**
釣魚相關		
繩子	48	3,336
綑紮帶	8	642
箱子／碎片	7	245
釣魚線		220
網		207
浮標	123	50
桶／碎片	3	25
發光棒		16
總數	**189**	**4,741**
其他物質		
一般碎片	287	48,121
合成樹脂顆粒		6,774
柵欄		121
融化的塑膠		43
管子	28	27
磁磚墊片		3
總數	**315**	**55,089**
碎片樣本總數	**652**	**60,522**

製圖區

討論區

我喜歡這個挑戰。它是開放式的。它可以使用多種解釋和圖表類型。這些數字很戲劇性，讓你使用吸引人的說故事技巧。我解決問題的方法，很可能與你的方法差異很大。隱含在這個挑戰中的，是資料視覺化的一個重要課題，大多數的時候，這個課題並沒有唯一的正確答案，或唯一正確的圖表。

大部分好的答案都涉及到取捨。我們通常在好的選項中做選擇，每個選項都有它的優缺點。舉例來說，正如你將在我對這個挑戰的解決方案中所見，我在呈現資料時犧牲了精確性，以換取整體的感覺。這有助於做出令人信服的敘述，但我無法對實際價值做清楚的呈現。你也可以選擇反方向操作，犧牲故事感來全面且有順序地安排表格中的所有數值。兩種方法都不能算是「正確的」。你要承認，你所採取的方法總是會有優缺點和取捨。不要專注於找出正確的圖表。而是專注於找出一張出色的圖表。

我應付這個挑戰的方法如下。

談話

在研究資料約二十分鐘後，我和一個朋友談了約十五分鐘。她立刻注意到我用的一些消極字眼，例如**恐怖、難以想像、噁心**和**可怕**。她一直追問為什麼會這麼糟，儘管答案在我看來很明顯。但這是個好問題。它逼迫我大聲解釋我的想法，所有垃圾都是在過去二

十五年堆積起來的，垃圾並不是從一開始就在那裡。它讓我想起前後比較的敘述方式。

我們其餘的大部分談話都集中在這些垃圾的分布情況。**像散落、覆蓋和堆積**這些字眼，都被記了下來。我朋友問我，我是否在意有些塑膠是掩埋起來，有些則沒有。我說是的。她問我為什麼。我沒有一個好的答案可以答覆她，但我確信我想展示兩者。她問我不同類型的塑膠是否重要。我說：「我想是吧。」我對細分研究人員發現的塑膠種類有點興趣，但也感到有些漠不關心。我就是知道，我想把注意力放在島上當時和現在發現的塑膠碎片的原始數量上。

另一個不斷出現的主題，就是北灘和東灘的區別。東灘的情形糟得多。我朋友問：「知道它為什麼會更糟這件事重要嗎？」我回答：「不重要，但我認為分開展示這兩個地方的情形會很有意思。如果先展示北灘糟糕的情形，然後再展示東灘已經讓人無法想像的惡劣狀況，會更有戲劇效果。」

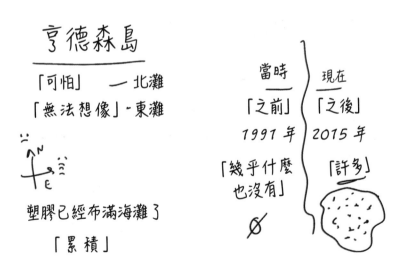

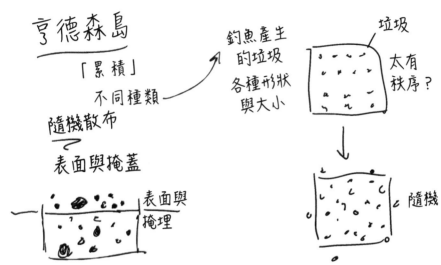

亨德森島

「累積」

不同種類

隨機散布

表面與掩蓋

釣魚產生
的垃圾
各種形狀
與大小

垃圾

太有
秩序？

表面與
掩埋

隨機

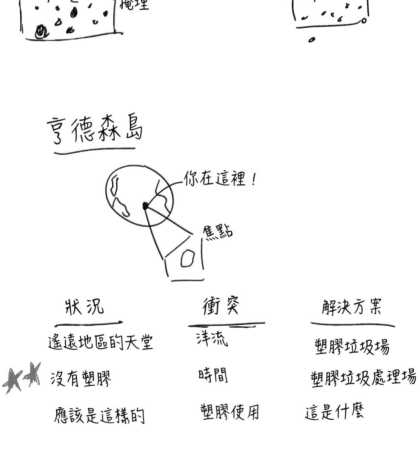

亨德森島

你在這裡！

焦點

狀況	衝突	解決方案
遙遠地區的天堂	洋流	塑膠垃圾場
沒有塑膠	時間	塑膠垃圾處理場
應該是這樣的	塑膠使用	這是什麼

繪製草圖

即使在談話的階段，我都在考慮用一片海灘當作我的主要視覺呈現方式，透過它在現實世界中的方位，來決定這片海水在我畫面中的方向。我最早只專注在以視覺化方式重新呈現原來的資料。大部分的結果都是以每平方公尺有多少汙染物的方式呈現，所以我也就是這樣開始。我也立即嘗試在這一個空間中盡量組合最多變數。我想到我可以在沙灘上以圓點來表示塑膠汙染品，然後用不同顏色和大小來表示其他變數，比如塑膠類別。

在這個階段，我還不知道真正的資料在這個空間中看上去會如何，但我告訴自己，隨機放置這些資料點，會比整齊分布來得好。我甚至不確定該怎麼做到這一點。不過我還是繼續繪圖。我強迫自己在草圖階段要克制，不要太過精細。我在試著呈現許多想法。為了測試我的直覺，我很快的在一張長條圖上畫了一組比較整齊分布的點，以顯示塑膠垃圾的分類，但我不認為這會成功，因為 1991 年和 2015 年塑膠垃圾總數的差距很大，以致於有些類別可能只有幾個點，而有些類別可能有幾千個點。

數字上的差距也讓我考慮擴大視覺空間。我想創造一整條沙線，來展示更多的海灘。一平方公尺當然不錯，但我認為大家對更大的空間會更有感覺，當然這也意味著要畫上更多的塑膠垃圾。我試著畫了九平方公尺，甚至八十一平方公尺。我在這時候也決定，為了幫助大家對這個空間更有感覺，我需要一些參考點，讓大家知道資料點的大小。舉個例子，參考點可以是一個人。

我發現我是在為自己增加工作。資料原本是以一平方公尺為基

本單位。但現在我等於把這些資料增加好多倍了。為了得到一張出色的圖表，我經常在調整資料的基本單位，或者應用手頭找到的東西。當然，我也必須考慮我有多少時間，但我發現，將資料轉換成更容易理解的形式是值得的。

在這時候我也開始考慮掩埋在地下的塑膠垃圾，我還記得我搖著頭，思考我該如何顯示三度立體空間的物品。我有一些設計技巧，但我不確定我能做到這一點。我決定把這個問題延後到我開始製作原型時再來處理。如果我不能在原型上把它做出來，我就會回頭繼續繪圖。

為了將塑膠垃圾依類別拆解，我真的想畫一張矩形樹狀結構圖（treemap）。一個正方形將與我想在布分布圖中顯示的一格海灘空間相呼應，還能讓資料展示分級結構，一個方框可以代表「釣魚」產生的塑膠垃圾，而在這個方框中我可以放進「漁網」或「繩索」等類別。我用圓圈內還有圓圈的方式，畫了一個變化圖形，然後為了保險起見，我又試著拆開這些圓圈，做成一個簡單得多的版本，以防萬一矩形樹狀結構圖沒能成功。在每種情況下，我都在思考前後比對的結構方式，也就是將同一個表格使用兩次，一次放進1991年的資料，另一次則是2015年的，好顯示出戲劇性的變化。

然後我發現自己很自然地停了下來。我的思緒集中在矩形樹狀結構圖上，並努力想辦法讓它發揮作用。這表示該開始製作原型了。

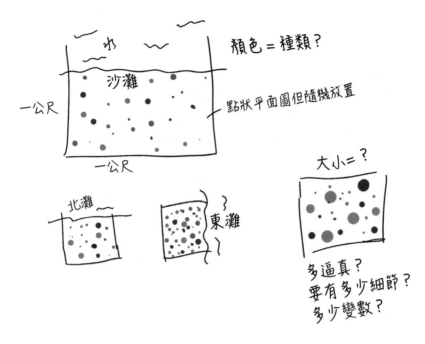

顏色＝種類？

點狀平面圖但隨機放置

水

沙灘

一公尺

一公尺

北灘

東灘

大小＝？

多逼真？
要有多少細節？
多少變數？

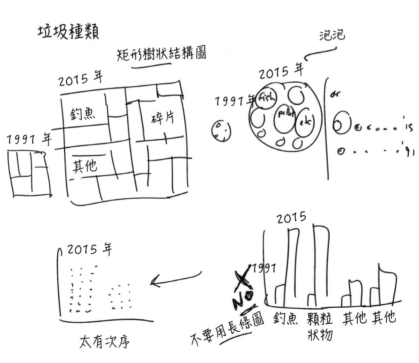

垃圾種類

矩形樹狀結構圖

泡泡

2015 年

1991 年

釣魚

碎片

其他

1991年 fish

2015 年

pull

etc

or

is

'91

2015 年

太有次序

2015

1991

NO

不要用長條圖

釣魚

顆粒
狀物

其他

其他

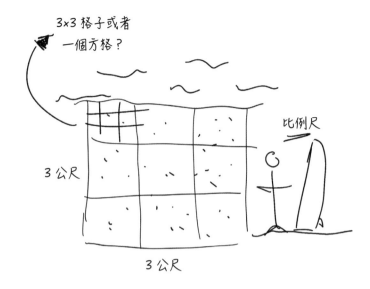

3x3 格子或者
一個方格？

比例尺

3 公尺

3 公尺

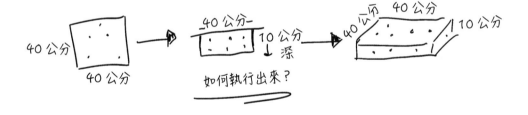

40 公分

40 公分

40 公分

10 公分
深

如何執行出來？

40 公分

40 公分

10 公分

製作原型

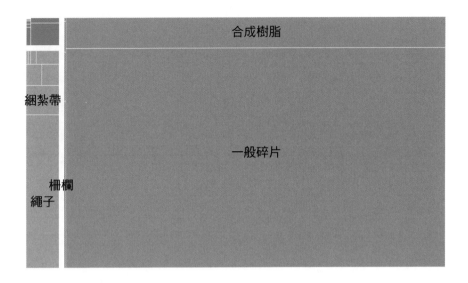

　　使用一個名為 Raw 的線上工具所製作的矩形樹狀結構圖原型，讓我明白這份表格很難使用。或許乍看之下，這麼多小的數字都分配了標籤，是讓表格難以使用的原因，但這只是部分原因。對我而言，更重要的原因，是碎片和樹脂碎塊的巨大尺寸。它們占了這麼大的主導地位，讓我擔心大家甚至不會去看其他種類的塑膠垃圾，也就失去了另一類塑膠垃圾也在大量累積的感覺。我認得這是 2015 年的資料。如果我把 1991 年的資料按比例畫出來，這張地圖將會只有十分之一大小，而數量較小的塑膠垃圾種類將會形同消失。

　　我推測泡泡中的泡泡也會遇到相同的命運，所以我拿我畫的個別泡泡，改了一版簡單的紙本原型，拿它當成備選方案，看最後我

決定要用哪個。因為這些都是原型，所以我使用實際數據的近似值，來感受一下這些視覺圖表在書面報告或螢幕上的效果。在這裡，你很容易看見我的思考過程。我為兩類塑膠製作了原型，然後我判斷品項太多，而且許多品項就比例而言實在是很小。所以我決定回頭重新將資料分組。我做了五個類別，並開始考慮對這兩個年份使用顏色對比。對觀眾而言，這樣似乎比較容易掌握與吸收。在我這麼做的時候，我也認為我有機會每年只需展示一個簡單的總數。我已經提前想到了簡報的內容，可以先展示 1991 年的資料，然後再戲劇化地顯示 2015 年的資料。

我還需要製作海灘場景的原型。我再次取了真實資料的近似值，並隨機分布正確的點數。效果正是我所希望的。這讓我對於展現東灘的情況有點擔憂，因為那裡的汙染數據相較之下高出一個等級，但我認為我可以在完成實際圖表的視覺效果時解決這個問題，但該如何發展出實際圖表，我還沒想清楚。

總之，我花了大約一個小時製作原型。你在此處看不到的是一些起點和終點，以及被我畫叉拋棄不用的草稿。原型設計是反覆的過程，但所有的反覆都基於相同的想法，但在繪製草圖的階段，你則會產生許多新的想法。

塑膠垃圾種類

釣魚

1991 年

2015 年

繩子　綑扎帶　　鉤子　網　　浮標　桶子　　　　發光棒

塑膠垃圾種類

其他物質

1991 年

2015 年

一般碎片　　合成樹脂　柵欄　融化物 管子 磚塊

塑膠垃圾種類

1991 年

2015 年

一般碎片　　合成樹脂　　釣魚　　　一次性　　其他
　　　　　　　　　　　　　　　　　物品　　物質

發現的塑膠垃圾
(總數)

1991 年 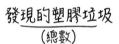　　　　　　　　　2015 年

北 灘 表 面

沖浪板

比例尺

3公尺

3公尺

10公分

掩埋

40公分

40公分

比例尺

桶

最終圖表與簡報

　　這份簡報是使用 Adobe Illustrator 製圖應用程式，花了四小時做成。我在 Illustrator 軟體中找到了工具來做資料點的隨機分布，並且進行了數量計算。這些資料的精確度高到只有幾個點的誤差，並可以建造 3D 立體的沙灘圖。我對東灘塑膠垃圾汙染密度的擔憂是有道理的，但在資料點上使用一些透明處理，卻讓這種密集度成為一種優點，而不是一個問題，因為你可以從這些圖表中，看出塑膠垃圾實質堆積的感覺。

　　如果剛開始時你覺得需要投入的時間太多，我能理解。但想想你在這些最重要的簡報中想完成的事：是要造成改變？是要別人同意你的說法，或是取得投資？是不是開始一項運動，或者改變行為？在這種時刻，花幾個小時準備一場讓主張躍出紙面的超水準簡報，是合理的舉動。一名專業的設計師可能會比我更迅速地完成這些設計，而且當你的簡報至關重要時，這會是一筆值得的投資。

　　儘管看來或許冗長，但這場簡報可以在五分鐘內完成。投影片的數量，遠不如每張投影片需要多少時間理解來得重要。**將太多想法塞進一張投影片，會讓你的聽眾試圖看完你投影片裡的內容，而忽略你所說的話**。這可能讓他們聚焦於錯誤的事情上，或者做出錯誤的解釋。每一張投影片不要給觀眾超過兩個想法。舉個例子，試著想像如果將前六張投影片合成一張。這樣要消化的資訊就很多了，我們在世界上的位置、總數是多少，以及這個總數該如何細分等，我可能在簡報時需要花上好幾分鐘來說明這一張的內容。此外，這些視覺圖案就必須再縮小，而且大量的視覺資訊會讓人難以

理解，該如何瀏覽這張投影片。經過細分之後，因為幾乎讓人能夠立即理解內容，我可以讓每張投影片只出現幾秒鐘的時間。而且在這場簡報中，將視覺圖表細分，可以產生豐富的戲劇效果。一名有技巧的簡報者將會充分利用這組投影片，舉例來說，在展示 1991 年的資料後，可以先暫停一下，然後再展示 2015 年的資料。

1

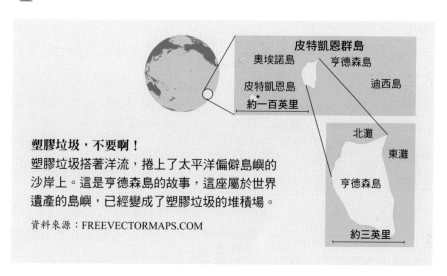

塑膠垃圾，不要啊！
塑膠垃圾搭著洋流，捲上了太平洋偏僻島嶼的沙岸上。這是亨德森島的故事，這座屬於世界遺產的島嶼，已經變成了塑膠垃圾的堆積場。

資料來源：FREEVECTORMAPS.COM

2

1991 年
迪西島和奧埃諾群島

該區域於 25 年前
曾被勘查過

樣本中數出
652 項物品

3

2015 年
亨德森島

改變相當劇烈

樣本中數出
60,522 項物品

4

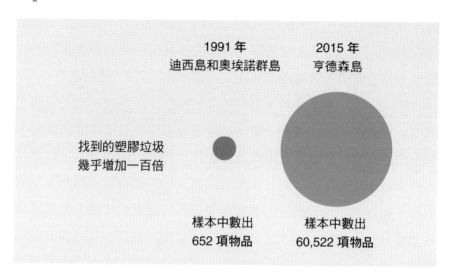

1991 年
迪西島和奧埃諾群島

2015 年
亨德森島

找到的塑膠垃圾
幾乎增加一百倍

樣本中數出
652 項物品

樣本中數出
60,522 項物品

　　雖然我附上了大量的資訊，但實際上只有兩個想法，過去與現在的比較，以及兩個地方的現況。在第二點，請注意我使用的是沒有資料的設定視覺化效果。這是另一種狡猾的簡報技巧。它在觀眾使用圖表之前，就先訓練他們了解圖表的結構。等到資料被加入時，他們就已經知道我們要談什麼了。再說一遍，是由我在控制這場體驗，帶著觀眾跟我走，而不是把一切向他們展示，然後希望他們能跟著我走。

　　衝浪板和水桶並不是無意義的美工圖案，放在這裡只為了強化我們是在海灘上這個想法。它們在這裡是當作比例尺的。在沒有任何參考點的情況下展示九平方公尺，會讓視覺化空間更難與現實世界連結起來。桶和埋在地下的塑膠垃圾也是一樣。你或許注意到，

我把沙地的區塊尺寸，從 40 公分 ×40 公分 ×10 公分，調整為 1 公尺 ×1 公尺 ×10 公分。對我來說，這意味著更多的計算，但我認為藉著將這個尺寸，與 3 公尺 ×3 公尺圖表中的一格表面空間相互匹配，更可以幫助大家理解。他們現在可以看著這些埋在地下的樣本，並想像將每個樣本都放入某一個平方公尺的區域中。

我再提供一些小提示：第一張介紹投影片就將我們放在這個空間中，告訴大家你在這裡。**請注意每張投影片的說明文字都很短。我不希望大家在簡報過程中閱讀投影片。**另外也請注意，它們並沒有明確地重複原始視覺圖表顯示的內容，但它們確實協助觀眾理解內容。如你所見，投影片的標題並沒有報告北灘和東灘上的塑膠碎片數量，你所看的說明文字方框指出了東灘的情況，比北灘的情形嚴重八倍。我將最後一張投影片放在這裡是要展示，在簡報講義中製作一個故事摘要，是很容易的。我沒有試圖將大數值的估計數圖案化，而是使用塑膠垃圾種類當作視覺元素。

最後，我想談談精確性。很明顯的，我的方法比較重視資料給人的感覺，而不著重於精確的數字。我將元素組合起來，這樣我就不會處理塑膠垃圾種類的太多變數。我還使用了隨機布分布技巧，讓單項資料數據值相互碰撞並堆疊起來，有人可能會認為這麼做掩蓋了一些數值。我在簡報中很少使用具體數字。對我來說，這個挑戰和議題的重點，在於幫助非專業觀眾感受亨德森島上塑膠垃圾的情況，因此不使用具體數字，這點犧牲是可以接受的。我認為，過去和現在的巨大差異這個觀點，以及目前汙染資料的飽和程度，會比展示具體數值更有價值。

這不一定永遠是個好的方法。在很多情況下，這是行不通的。

這張圖表會顯得模糊不清或設計過度。即使在這個例子中，我都能想像學者和數據科學家們臉色會鐵青。他們可能會說，這不是資料視覺化，只是一個設計練習。

我仍會主張這就是資料數據視覺化，儘管它有很濃厚的設計感。我用了實際數值和比例。我也試圖不違背報導出來的資料，以及這些數據想溝通的重點，那就是大量的塑膠垃圾，正被沖刷到亨德森島的海岸上。如果有人想要具體的資料，我當然會提供。即使如此，我還是認為，同樣的資料加上許多更傳統的圖表化處理詮釋後，可能與我所做的同樣有效或更有效。我很期待看到一些這樣的處理結果。

5

1991 年
迪西和奧埃諾群島

● 碎片

1991 年調查結果發現，
在四類垃圾中，
發現十三種塑膠產品

● 釣魚
● 一次性物品
● 其他

6

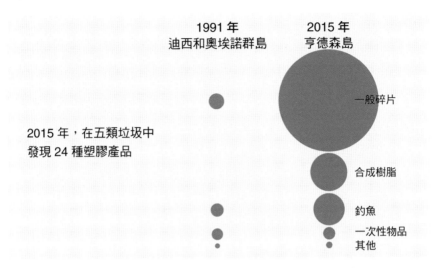

1991 年
迪西和奧埃諾群島

2015 年
亨德森島

一般碎片

合成樹脂

釣魚

一次性物品
其他

2015 年,在五類垃圾中
發現 24 種塑膠產品

7

研究人員調查了北灘與東灘兩
處海灘的表面垃圾。他們確實
計算塑膠物品。

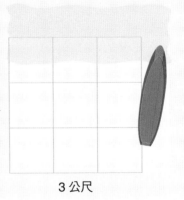

3 公尺

3 公尺

8

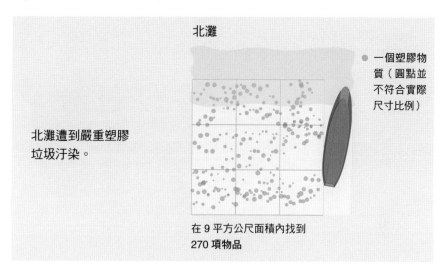

北灘

北灘遭到嚴重塑膠
垃圾汙染。

● 一個塑膠物
質（圓點並
不符合實際
尺寸比例）

在 9 平方公尺面積內找到
270 項物品

9

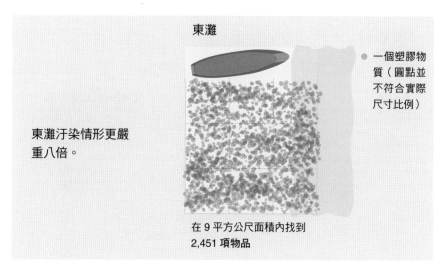

東灘

東灘汙染情形更嚴
重八倍。

● 一個塑膠物
質（圓點並
不符合實際
尺寸比例）

在 9 平方公尺面積內找到
2,451 項物品

10

研究人員還往地下挖掘，發現
了隨時間累積而埋在地下的小
型塑膠碎片。

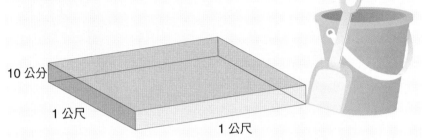

10 公分

1 公尺

1 公尺

11

塑膠殘留物已經滲入北灘的沙地中

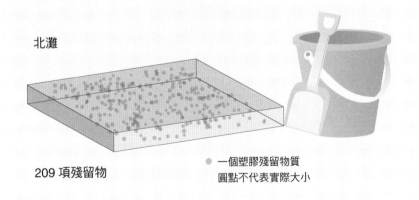

北灘

209 項殘留物

● 一個塑膠殘留物質
圖點不代表實際大小

12

東灘的沙中充斥著塑膠。

東灘

2,573 項物品

● 一個塑膠物質
（圓點並不符合實際尺寸比例）

13

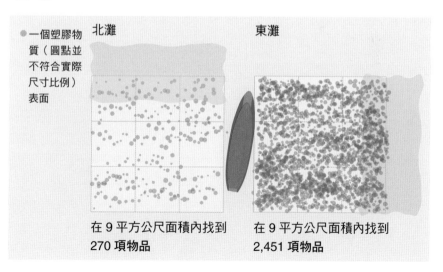

● 一個塑膠物質（圓點並不符合實際尺寸比例）表面

北灘

東灘

在 9 平方公尺面積內找到 270 項物品

在 9 平方公尺面積內找到 2,451 項物品

14

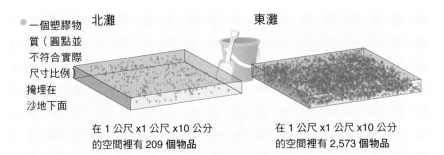

北灘　　　　　　　　　　　東灘

● 一個塑膠物
　質（圓點並
　不符合實際
　尺寸比例）
　掩埋在
　沙地下面

在 1 公尺 x1 公尺 x10 公分　　　　在 1 公尺 x1 公尺 x10 公分
的空間裡有 209 個物品　　　　　　的空間裡有 2,573 個物品

估計亨德森島　　**37,800,000** 萬個塑膠垃圾，
全島有　　　　　**重量達 16,797** 公斤

圖表種類詞彙表

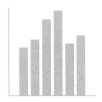

二行二列矩陣圖：一個四方形以水平和垂直平分切割以創造出四個象限。通常用來展示基於兩個變數所產生的分類方式。也稱為矩陣圖。

優點：分類要素與創造「區域」的一種容易使用的組織原則。

缺點：在不同空間的各象限內繪製資料，可能顯示出某種可能不存在的統計關係。

長條圖：長條的高度或長度，顯示出類別（分類資料）之間的關係。經常用來比較同一度量單位的離散群體，例如十名執行長的薪資。當長條為垂直時，也稱為柱形圖。

優點：廣被理解的熟悉格式，非常適合在不同類別之間進行簡單的比較。

缺點：許多長條可能會留下趨勢線的印象，而不是突顯離散值，而多組長條也可能會變得難以分析。

沖積圖：以節點和流動線條顯示數值如何從一個點移動到另一個點。通常用於顯示隨時間而產生的變化，或數值組成的詳細資訊，例如預算如何逐月分配。也稱為流程圖（flow diagram）。

優點：顯示數值更動的細節，或在資料的廣泛類別中顯示細部劃分。

缺點：許多流動線條中的數值和變化，形成了複雜且交錯的視覺圖表，雖然看來很漂亮，卻可能難以理解。

泡泡圖：沿著兩個度量單位散布的資料點，可以隨著泡泡的大小而增加第三個測量維度，有時候還可以隨著泡泡的顏色，而增加第四個測量維度，用來顯示數個變數的分布情形。通常用於顯示資料之間複雜的關係，例如國家的多種人口分布數據，有時也被誤稱為散布圖。

優點：是加入第三種軸線的一種最簡單的方法，泡泡大小可以為分布的視覺效果添加關鍵議題。

缺點：按比例調整泡泡的大小相當棘手，因為面積與半徑不成比例，從本質來說，增添了第三與第四個比較軸的圖表，需要更多時間分析，因此不太適合需要一目了然的簡報。

折線圖（bump chart）：折線顯示隨時間改變的順序排名變化。經常用來顯示受歡迎程度，例如每週票房排名。

優點：顯示受歡迎度、贏家與輸家的簡易方法。

缺點：這些變化在統計上並不重要，這些變化的數值只是排序使用，不見得有重要意義。如果排序層次與數值變化增加，將會形成吸引目光的多束折線，但或許將使讀取排名變得困難。

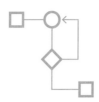

流程圖：將多邊形與箭頭加以排列，以顯示流程或工作流程。常用於繪製決策過程、資料如何在系統中移動，或人們如何與系統互動，例如用戶在網站上購買產品的流程。也稱為決策樹，而它其實是流程圖的一種類型。

優點：是被普遍接受的正式系統，用於表示具有多個決策點的過程。

缺點：必須理解已經建立的語法，例如菱形代表決策點，平行四邊形則表示輸入／輸出等。

點狀分布圖：沿著單一軸線顯示數個測量值。常在比較重點是各長條的高度差異，而非每根長條的高度時，用來取代長條圖使用。

優點：在小空間中可垂直或水平使用的小巧格式，讓沿著單一度量單位進行的數值比較，較傳統的長條圖更容易進行。

缺點：在繪製許多點時，很難有效標記；會移除跨類別的趨勢感，如果這是重點時，要特別注意。

地理圖（geographical chart）：用於表示實體世界中位置相關數值的地圖。通常用於比較國家或地區的數值，例如顯示政治聯盟的地圖。也稱為地圖。

優點：對地理的熟悉使人們容易找到數值，並在多層次上進行比較，也就是同時依國家和地區比較資料。

缺點：用地方大小來表示其他數值，可能高估或低估這些地方的數值。

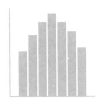

柱狀圖：根據一個範圍內每個數值的出現頻率，以長條顯示布分布的狀態。通常用於顯示機率，如風險分析的模擬結果。也被誤稱為**長條圖**，但長條圖是比較不同類別的數值，而柱狀圖則顯示一個變數不同數值的布分布狀態。

優點：用於顯示統計布分布和機率的基本圖表類型。

缺點：觀眾有時會將柱狀圖誤認為長條圖。

線圖：連接的點顯示數值如何變化，通常是隨時間而變化的連續資料。通常會繪製多條線圖以比較趨勢，例如幾間公司的收入。也稱為熱度圖（fever chart）或趨勢線。

優點：廣被理解的熟悉格式，非常適合對趨勢一目了然的簡報。

缺點：聚焦於趨勢線會讓人很難看到和談論離散資料點，過多的趨勢線也會使大家難以看見個別的線條。

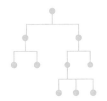

階層圖（hierarchical chart）：用於顯示一組元素的關係和相對位階的線和點。通常用於顯示組織的結構，例如家庭或公司。也稱為組織圖、家族樹狀或樹狀圖，它們都是不同種類的階層圖。

優點：記錄和說明關係和解釋複雜結構的一個容易理解的方法。

缺點：線與框的組合方式，所能展現的複雜度仍然有限，較難顯示非正式的關係，例如人們如何在公司階層結構界限之外一起合作。

棒棒糖圖：與點狀分布圖類似，但是在一條線上繪製針對同一測量單位取得的兩個數值，並加以連結，以顯示這兩個數值的關係。繪製數根棒棒糖可以創造類似浮動長條圖的效果，在浮動長條圖中，數值不一定都定位於同一點。這也稱為雙棒棒糖圖。

優點：無論水平與垂直都很好用的一種精巧格式，在兩個變數進行多次比較，尤其當兩者的差異非常重要時，這種格式特別適合。

缺點：當變數發生「反轉」，也就是高數值是前一個棒棒糖中的低數值時，在多根棒棒糖間讀取資料可能會令人困惑，而多個具有相似數值的棒棒糖，也會讓人難以評估圖表中的個別項目。

比喻圖（metaphorical chart）：使用箭頭、金字塔、圓圈和其它廣為接受的圖形，來展示非統計的概念。通常用於表示抽象思想和過程，例如業務週期。

優點：可以簡化複雜的概念，由於人對比喻的普遍認知，在理解此類圖表時會有自然就懂的感覺。

缺點：很容易將比喻混淆、誤用或過度設計。

圓形圖：一個被分成幾部分的圓圈，每個部分都代表某個變數占整體數值的比例。通常用於顯示總數的簡單細分，例如人口統計。也被稱為**甜甜圈圖**，這是一種以圓環顯示的變體。

優點：無處不在的圖表類型，非常容易顯示主要成分與非主要成分間的占比。

缺點：大眾通常不會精確估計圓形圖中每一塊的面積，當塊數多於幾塊時，會使數值難以區分及量化。

網絡圖：連接的節點和線用來顯示同一群組中各元素之間的關係。通常用來表示實體事物的相互連結關係，例如電腦或人群。

優點：幫助說明節點之間的關係，能突顯群集區塊與異常者，其他方式很難看出來。

缺點：網路往往迅速變得複雜。有些網絡圖雖然漂亮，卻難以理解。

山齊熱流平衡圖：箭頭或長條顯示數值如何布分布與轉換。通常用來表示實體數量的流動，例如能量或人群。也稱為**流程圖**。

優點：在系統流程中展現細節，有助於看出主要成分與效率低落之處。

缺點：有許多成分與流程路徑的複雜系統，會變成複雜的圖表。

斜率圖： 顯示簡易數值改變的線條。通常用來顯示與大多數斜率相悖的戲劇性變化或異常數值，例如當其他區域的營收都上升時，只有一個區域的營收下降。也稱為**線圖**。

優點： 可創造出一個前後對照的簡單敘述，無論是個別數值或許多數值的整體趨勢，都容易看到和掌握。

缺點： 在前後兩個狀態之間，排除了數值變化的所有細節；如果有許多交錯的線，也許就會很難看到個別數值的變化。

小倍數圖表： 通常由線圖組成的一系列小形圖表，顯示在同一比例尺上測量的不同類別。通常用於顯示測量數十次後的簡單趨勢，例如各國的國內生產毛額趨勢。也稱為**方格圖**（grid chart）或**格子圖**（trellis chart）。

優點： 做多個甚至數十個類別的簡單比較時，比將所有線條都堆疊在同一張圖表中更容易讀取。

缺點： 如果沒有顯著的變化或差異，可能很難在比較中找出意義；有些在單一圖表中可以看到的「事件」，例如變數間的交叉點，在此類圖表中可能看不到。

散布圖： 對兩個變數繪製出多個資料點，顯示特定資料組在這兩個變數之間的關係。通常用於檢測和顯示相關性，例如人群年齡與收入的關係圖。也稱為**散點圖**。

優點： 大多數人都熟悉的一種基本圖表類型，空間分布方法使大眾容易看到相關性、負相關性、群集與異常值。

缺點： 太容易顯示相關性，導致大家即使在沒有因果關係的狀況下，也會做出有相關性的判斷。

堆疊區域圖： 用線條畫出一個特定變數隨時間發生的變化，各線條之間的區域則填上顏色以強調體積或累計總數。通常用於顯示隨時間變化的多個數值，例如一年中多個產品的銷售量。也稱為**面積圖**。

優點： 非常容易表現隨時間變化的比例；可以凸顯體積或累積的感覺。

缺點： 如果「層數」太多，會造成每個區域過薄，難以看出隨時間產生的變化、差異或追蹤數值。

堆疊長條圖：將矩形分成若干部分，每部分代表某個變數占整體的比例。通常用來顯示總數的簡易細項分配，例如依地區別的銷售額。也稱為**比例長條圖**。

優點：有人認為它是圓形圖的較佳替代品；非常容易顯示主要部分與非主要部分的對照；比圓形圖更能有效處理更多類別；無論水平或垂直都可以。

缺點：當包含太多類別，或將多個堆疊長條圖組合在一起時，可能難以看到差異和變化。

矩形樹狀結構圖：將一個矩形分成幾個較小的矩形，每個小矩形都代表某個變數占整體數值的比例。通常用於顯示分階層的比例，例如將預算劃分為子項目與更細的項目。

優點：可顯示詳細比例細項組合的小巧形式；克服了有許多切片的圓形圖的一些限制。

缺點：這種細節導向的形式，不適合一目了然的理解；類別太多，將造成令人驚歎卻難以解析的圖表；通常需要能夠精確排列正方形的軟體。

表格：按行與列排列的資訊。通常用於顯示個別數值在多項類別中隨時間產生的變化，例如每季財務績效。

優點：每個個別數值都可供取用；比起相同資訊的非表格版本，更容易讀取與比較數值。

缺點：很難對趨勢取得一目了然的感覺，也很難對不同群組的數值進行快速比較。

單位圖：以圓點或圖標編排，用來表示與分組變數相關的個別數值的集合。通常用於顯示實體物品的計數，例如支出的金額，或者受流行病感染的人。也稱為**點狀圖**或**點狀分布圖**。

優點：比起某些統計表達方式，這種表達數值更具體、更不抽象。

缺點：過多類別可能造成難以聚焦在核心意義上；需要強大的設計技術，才能讓各單元的排列最有效呈現。

圖表種類指南

這份由安德魯・阿貝拉（Andrew Abela）製作的指南，是思考該使用哪種圖表類型的良好起點，但請努力不要將其當作決策引擎。不是每個人都同意他對圖表類型的組織方式，而且這份指南的結構，並不包含所有有效的圖表類型。的確，這裡顯示的每一張圖表都有許多變體和混合體，而且還不斷創造新的圖表格式。此外，這個工具可能在你想擴展並嘗試多種方法的階段時，限縮了你的想法。但它將幫助你理解各種類型的圖表，例如比較和布分布的圖表類別，它也可能激勵你去嘗試一些東西。我已經修改過這份指南，讓它可以搭配本書第六章和《哈佛教你做出好圖表》中列出的談話、繪製草圖與製作原型框架。請參閱下一頁列出的修改版本。

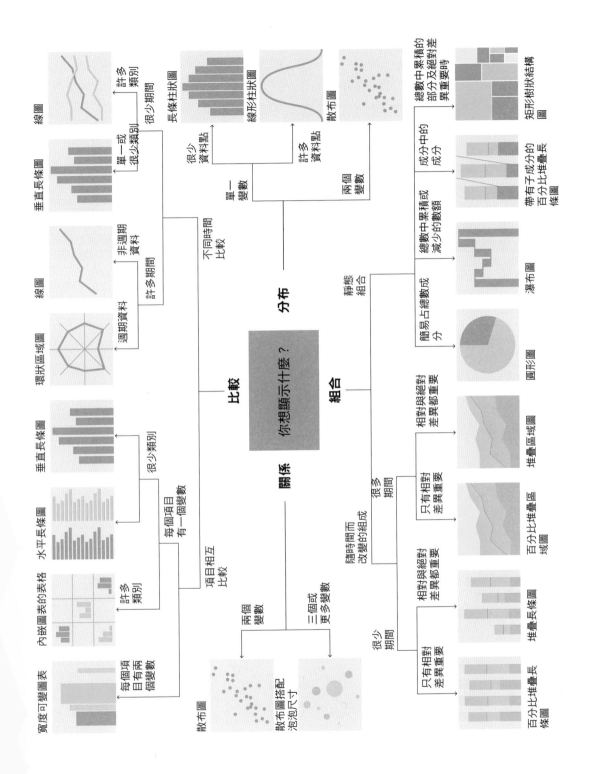

線圖

垂直長條圖

線圖

環狀區域圖

垂直長條圖

水平長條圖

內嵌圖表的表格

寬度可變圖表

許多類別

單一或很少類別

很少期間

非週期資料

週期資料

許多期間

很少類別

每個項目有一個變數

項目相互比較

許多類別

每個項目兩個變數

長條柱狀圖

線形柱狀圖

散布圖

很少資料點

許多資料點

單一變數

兩個變數

不同時間比較

比較

你想顯示什麼？

關係

分布

組合

兩個變數

三個或更多變數

散布圖

散布圖搭配泡泡尺寸

隨時間而改變的組成

靜態組合

很多期間

很少期間

相對與絕對差異都重要

只有相對差異重要

相對與絕對差異都重要

只有相對差異重要

成分中的成分

簡易占總數成分

總數中累積或減少的數額

總數中累積的部分及反映絕對差異重要時

矩形樹狀結構圖

帶有子成分的百分比堆疊條圖

瀑布圖

圓形圖

堆疊區域圖

百分比堆疊區域圖

堆疊長條圖

百分比堆疊長條圖

附錄 C

圖表種類關鍵字

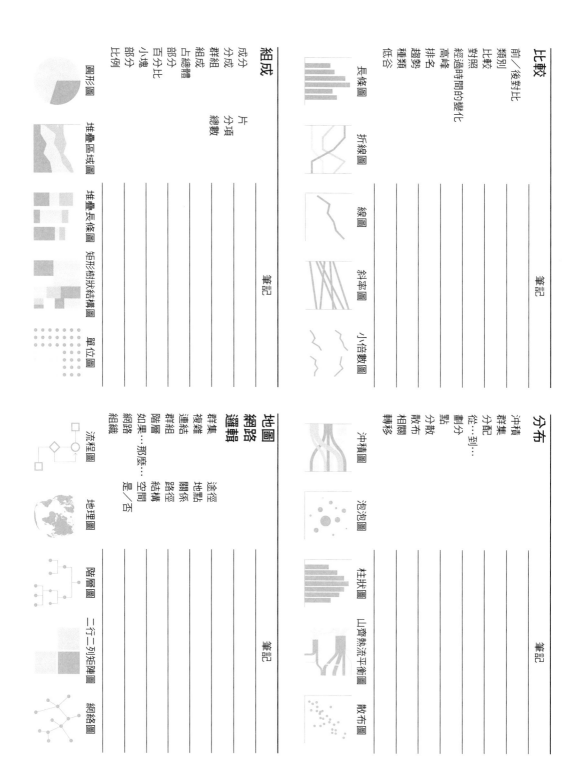

比較

前／後對比
類別
比較
對照
經過時間的變化
高峰
排名
趨勢
種類
低谷

長條圖　折線圖　線圖　斜率圖　小倍數圖

圓形圖

筆記

組成

成分
分成
群組
組成
占總體
部分
百分比
小塊
部分
比例
片
分項
總數

圓形圖　堆疊區域圖　堆疊長條圖　矩形樹狀結構圖　單位圖

筆記

分布

沖積
群集
分配
從…到…
劃分
點
分布
散布
相關
轉移

沖積圖　泡泡圖　柱狀圖　散布圖

山齊熱流平衡圖

筆記

地圖
網路
邏輯

群集
模雄
連結
群組
階層
如果…那麼…
網路
組織
途徑
地點
關係
路徑
結構
空間
是／否

地理圖　階層圖　二行二列矩陣圖　流程圖　網絡圖

筆記

致謝詞

　　我用學習演奏吉他的比喻貫穿本工具書，用來描述如何學習製作優質圖表。寫一本好書，則與此不同，它更像是在大型體育館上演一場搖滾秀。我們最終看到了樂團，也聽到了樂團的歌，但實際上我們見證了一群專業人士的熟練工作。沒有他們，樂團就會失敗，整個經驗會很糟糕。像這樣的一本圖表書也是如此，這是一個比一般書籍更需要精鍊打造的野獸。

　　但我很幸運，我周遭都是最傑出的匠師。首先感謝我的編輯兼朋友 Jeff Kehoe，他對讀者需求的敏銳眼光和直覺是無與倫比的。我也認為自己很幸運，能在哈佛商業出版社擁有最支持我的領導人員，特別是 Adi Ignatius 和 Amy Bernstein，他們讓我擁有身為一名作家的二次生命。雖然他已經離職，但我也很感激我的朋友和前同事 Tim Sullivan，因為他從一開始就給了我機會，並且一直相信我對《哈佛教你做出好圖表》的眼光。

　　一本擁有將近三百幅圖案的書，給哈佛商業評論出版社的製作人員帶來了巨大的壓力，但你永遠不會從他們平靜的外表和優雅的執行力中察覺到這一點。特別感謝 Jennifer Waring 妥善地處理一切，不會讓人覺得有絲毫恐慌，儘管我確信我其實引發了許多人的恐慌，也要感謝 Allison Peter 讓我保持走在正軌上。也要感謝 Greg Mroczek 找到了合適的紙張，並負責管理這本漂亮書籍的印

刷業務，感謝 Ralph Fowler 為一份複雜的手稿提供了專業的排版。

過去兩年間，我一直享受著一個偉大行銷團隊的服務，他們和其他人一樣，都是造就《哈佛教你做出好圖表》成功的一部分。感謝 Julie Devoll，Lindsey Dietrich，Nina Nocciolino（我們很想念妳），以及 Kenzie Travers。

無數參加我的講座和資料視覺化研討會的人經常激勵我，也對我提出挑戰，他們的許多想法都反映在這本手 中。當我在說資料視覺化時，經常有人想知道我使用的顏色或排版，或者他們會問我如何設計我的圖表。許多人欣賞《哈佛教你做出好圖表》這本書的藝術風格。但這些我都不敢居功。首先要歸功於我親愛的朋友，創造力無人能及的 James de Vries，他是一名充滿能量的設計師，儘管他已經回到了世界的另一邊，但他的影響在此地仍然存在。我也非常感謝 Stephani Finks 為這本手 及封面精心設計並激勵了我。既然談到設計，我就必須大力讚揚我的朋友、同事和合作者 Marta Kusztra 的貢獻，這位同事教會我喜愛灰色、大膽、少放一些，以及不甘平庸。

感謝 Martha Spaulding 這位有天賦的編輯，擁有從草率的文字中創造高效優雅的神奇能力。感謝 Matthew Perry，他是跟我一樣崇尚優質資訊設計的人，他將我在 Illustrator 軟體做出的業餘產品，變成了專業等級的圖表。感謝《哈佛商業評論》允許我展示、修改，有時甚至將《哈佛商業評論》曾經發表的圖表回復到未修改前的原貌。

本手 的許多挑戰都出自我同事的發想。我很感激他們允許我在本書中，使用他們在資料視覺化例子中實際工作的成果，也感謝

他們給我建議，並與我一起工作，並信任我將這些工作成果發展成挑戰題目。這些同事包括 Alison Beard，Walter Frick，Gretchen Gavett，Sarah Green Carmichael，Maureen Hoch，Tyler Machado，Dan McGinn，Gardiner Morse，Emily Neville-O'Neill，以及 Marianne Weichselbaum。特別感謝我在《哈佛商業評論》的鄰居 Ania Wieckowski 與 Dave Lievens，他們隨時把握機會建議我修改這張或那張圖表，甚至只是好奇一年中高溫在華氏七十度（按：攝氏二十一度）的日子有幾天，就此把我送進資料視覺化的兔子洞[7]裡。也感謝哈佛商業評論網站資料視覺化頻道 Slack 上的活躍成員，這個平臺經常提供我靈感、學習和娛樂的機會。

特別感謝我在倫敦的同事和朋友 Sally Ashworth，對我的照顧和無止盡的支持。感謝 Susan Francis 永遠支持、始終傾聽，以及從不甜言蜜語。

如果我忘記了任何人，請容我道歉，並讓我請你喝杯酒。

我們都是家教的產物，我有一個很好的教養，這多虧了我的家人，特別是我的父母 Vin 和 Paula，以及我的兄弟姐妹與他們的伴侶，Lisa 和 John，Michael 和 Courtney，Matthew 和 David，以及 Mark 和 Amy。

一如既往，我要感謝 Sara、Emily、Molly 和 Piper，感謝她們在一團愚蠢慌亂中，還逗留在我身邊。

---

7 譯者注：出自童書《愛麗斯夢遊仙境》，書中第一章愛麗斯就跌入兔子洞，而展開一場夢遊冒險。兔子洞後來就用來比喻「進入越來越奇怪的世界」般的感受。

作者簡介

　　史考特・貝里納托（Scott Berinato）自稱資料視覺化極客，
《哈佛教你做出好圖表》作者，此書被《快速企業》（*Fast
Company*）雜誌認為：「可能就是年度的設計手冊了」。簡報大師
南西・德瓦蒂（Nancy Duarte）也讚譽：「希望這是我寫的書。」貝
里納托經常提到優質資料視覺化的力量與必要性，他最近的一次談
話是在德州奧斯汀的南方大會（SXSW）連續第三年的資料視覺化
演講。他與很多企業與專業人士合作改善資料視覺化的成果。

　　他是《哈佛商業評論》資深編輯，負責撰寫與編輯有關視覺
化、科技與商業的文章。

國家圖書館出版品預行編目資料

哈佛教你做出好圖表實作聖經：《哈佛商業評論》
首度公開資料視覺化製作技術，精準掌握 24 圖表
模組 X6 關鍵說服力 X3 大優化祕訣 / 史考特 . 貝里
納托 (Scott Berinato) 著；林麗雪譯 . -- 臺北市：
三采文化股份有限公司 , 2021.03
　　面；　公分 . -- (Trend)
譯自：Good charts workbook : tips, tools, and
exercises for making better data visualizations

ISBN 978-957-658-515-9(平裝)

1. 企業管理 2. 美學

Trend　68

哈佛教你做出好圖表實作聖經

作者｜史考特‧貝里納托（Scott Berinato）　譯者｜林麗雪　責任編輯｜朱紫綾
美術主編｜藍秀婷　封面設計｜池婉珊　內頁排版｜中原造像股份有限公司

發行人｜張輝明　總編輯｜曾雅青　發行所｜三采文化股份有限公司
地址｜台北市內湖區瑞光路 513 巷 33 號 8 樓
傳訊｜TEL:8797-1234　FAX:8797-1688　網址｜www.suncolor.com.tw
郵政劃撥｜帳號：14319060　戶名：三采文化股份有限公司
本版發行｜2021 年 03 月 30 日　定價｜NT$680